W0258526

Teubner Studienskripten Elektrotechnik

Ebel,   Regelungstechnik
            2., überarbeitete Aufl. 160 Seiten. DM 10,80

Ebel,   Beispiele und Aufgaben zur Regelungstechnik
            2., überarbeitete Aufl. 151 Seiten. DM 12,80

Eckhardt,   Numerische Verfahren in der Energietechnik
            208 Seiten. DM 16,80

Fender,   Fernwirken
            112 Seiten. DM 10,80

Freitag,   Einführung in die Vierpoltheorie
            2., durchgesehene Aufl. 128 Seiten. DM 10,80

Frohne,   Einführung in die Elektrotechnik

            Band 1 Grundlagen und Netzwerke
            4., durchgesehene Aufl. 172 Seiten. DM 14,80

            Band 2 Elektrische und magnetische Felder
            3., durchgesehene und erweiterte Auflage.
            281 Seiten. DM 16,80

            Band 3 Wechselstrom
            3., durchgesehene Aufl. 200 Seiten. DM 14,80

Gad,   Feldeffektelektronik
            266 Seiten. DM 16,80

Goerth,   Einführung in die Nachrichtentechnik
            184 Seiten. DM 14,80

Haack,   Einführung in die Digitaltechnik
            2., überarbeitete und erweiterte Auflage.
            200 Seiten. DM 12,80

Harth,   Halbleitertechnologie
            2., überarbeitete Aufl. 135 Seiten. DM 14,80

Heidermanns, Elektroakustik
            138 Seiten. DM 12,80

Hilpert,   Halbleiterbauelemente
            2., durchgesehene Aufl. 158 Seiten. DM 12,80

Höhnle,   Elektrotechnik mit dem Taschenrechner
            228 Seiten. DM 16,80

Kirschbaum, Transistorverstärker

            Band 1 Technische Grundlagen
            2., durchgesehene Aufl. 215 Seiten. DM 14,80

            Band 2 Schaltungstechnik Teil 1
            2., durchgesehene Aufl. 231 Seiten. DM 15,80

            Band 3 Schaltungstechnik Teil 2
            248 Seiten. DM 15,80

Morgenstern, Farbfernsehtechnik
            230 Seiten. DM 14,80

Preisänderungen vorbehalten

Zu diesem Buch

Diese Einführung in die Nachrichtentechnik
enthält den Stoff einer Vorlesung "Allgemeine Nachrichtentechnik", wie sie vom
Verfasser an der Fachhochschule Hamburg
für Studenten der Allgemeinen Elektrotechnik, der Betriebstechnik und der
Energietechnik gehalten wird. Sie wendet
sich an Studenten der genannten Fach-
richtungen und der Technischen Informatik.

Darüber hinaus ist sie für Ingenieure und
Studenten geeignet, die sich in die
Thematik der Nachrichtentechnik einlesen
oder ihre Kenntnisse über allgemeine
Fragen der Nachrichtentechnik auffrischen
wollen.

Kenntnisse der Grundlagen der Elektrotechnik
und der Ingenieurmathematik erleichtern
das Verständnis.

Einführung in die Nachrichtentechnik

Von Dipl.-Ing. Joachim Goerth

Professor an der

Fachhochschule Hamburg

Mit 143 Bildern, 4 Tafeln
und 11 Beispielen

B.G. Teubner Stuttgart 1982

Prof. Dipl.-Ing. Joachim Goerth

Jahrgang 1944, Studium der elektrischen
Nachrichtentechnik in Hannover, 1970 bis
1978 im Entwicklungslabor Halbleiter der
Valvo Röhren- und Halbleiterwerke der
Philips GmbH, danach Planung technischer
Studiengänge in der Planungskommission
Gesamthochschule Nordostniedersachsen,
ab 1980 Professor für Nachrichtechnik und
Meßtechnik an der Fachhochschule Hamburg.

CIP-Kurztitelaufnahme der Deutschen Bibliothek

Goerth, Joachim:
Einführung in die Nachrichtentechnik / von
Joachim Goerth. - Stuttgart : Teubner, 1982.
   (Teubner-Studienskripten ; 91 : Elektrotechnik)
   ISBN-13: 978-3-519-00091-4   e-ISBN-13: 978-3-322-89119-8
   DOI: 10.1007/978-3-322-89119-8

NE: GT

Gesamtherstellung: Beltz Offsetdruck, Hemsbach/Bergstr.
Umschlaggestaltung: W. Koch, Sindelfingen

Vorwort

Die elektrische Nachrichtentechnik umfaßt ein außerordentlich
weites Gebiet. Kaum ein Bereich der Elektrotechnik bedient
sich nicht der Nachrichtentechnik, daher brauchen Elektroin-
genieure jeder Vertiefungsrichtung fundierte Vorstellungen
über diese Technik, die das vorliegende Skriptum vermitteln
soll. Sein Schwerpunkt liegt auf der Nachrichtenübertragung.
Die Nachrichtenverarbeitung, soweit sie nicht der besseren
Übertragbarkeit dient, wird nicht berührt.

Um den verbleibenden Stoff einführend und einleuchtend darzustellen, wird zunächst der Begriff der Nachricht durch den
Informationsgehalt erklärt. Es folgt ein Abschnitt über die
Beschreibung von Nachrichten durch elektrische Signale im
Zeit- und im Frequenzbereich. Ein weiterer Abschnitt behandelt
das Grundschema der Nachrichtenübertragung und die dabei wich-
tigen Größen Pegel, Verzerrungen und Störungen.

Den größten Teil des Skriptums nimmt die Beschreibung der
Funktionsblöcke ein. Sie reicht vom Aufnahmewandler über Modulator und Sender, die Übertragungsstrecke, den Empfänger
und Demodulator bis zum Wiedergabewandler. Im Rahmen dieses
Buches ist eine Beschränkung auf die wichtigsten Verfahren
notwendig, und zudem steht oft ein Verfahren zugleich als
Beispiel für die anderen. Daher stellt die getroffene Auswahl
keinesfalls eine Wertung dar. Die Vermittlungstechnik schließt
das Skriptum ab.

Bei der Beschreibung wurde Wert darauf gelegt, die prinzipi-
elle Gleichwertigkeit analoger und digitaler Verfahren aufzu-
zeigen, und darauf, die Darstellung so anschaulich wie möglich zu halten.

Den Herren Prof. Dipl.-Ing. Gerdsen, Prof. Dipl.-Ing. Otto
und Prof. Dr.-Ing. Vaske danke ich für wertvolle Ratschläge
und kritische Durchsicht des Skriptes.

Lüneburg, Januar 1982   J. Goerth

Inhalt

1 Einleitung

Der Wunsch nach einer zuverlässigen Nachrichtentechnik entspringt dem Bedürfnis des sozialen Wesens "Mensch" nach Kommunikation, die von politischen und wirtschaftlichen Nachrichten bis zum persönlichen Kontakt reicht. Zuverlässige und originalgetreue Übermittlung von Nachrichten aller Art, von Wort, Schrift, Daten und Bildern über alle möglichen Entfernungen und in möglichst kurzer Zeit ist daher die Aufgabe der Nachrichtentechnik.

Schon in früher Zeit wurden dem jeweiligen Stand der Technik entsprechende Übertragungsverfahren entwickelt, wie folgende Auflistung zeigt:

? bis heute	Übermittlung durch Boten. Beispiel: Marathonlauf 490 v.Chr. Sieg der Athener über die Perser bei Marathon. Ein Bote lief die 42,2 km lange Strecke nach Athen, um die Siegesbotschaft zu überbringen, und brach im Ziel tot zusammen. Seine Laufzeit ist nicht bekannt. Heute werden gut 2 h gebraucht.
ca. 600 v. Chr.	Schreiposten persischer Könige, in Rufweite aufgestellt. Übermittlungsgeschwindigkeit bis 900 km/Tag
ca. 200 v. Chr.	Übertragung durch kodierte Feuerzeichen in Griechenland
?	Tam-Tam-Trommeln in Afrika und in der Südsee
?	Rauchzeichen der Indianer in Nordamerika
Anmerkung:	Dies sind drei recht moderne Verfahren, weil die kodierte Übertragung wenig störanfällig ist.
?	Pfeifsprache "Silbo" auf der kanarischen Insel La Gomera. Etwa 1000 Wörter, über mehrere km zu hören.
1793 n.Chr.	Optischer Telegraf von Claude Chappe (Bild 1.1) Bewegliche Balken signalisierten verschiedene Zeichen. (Zeichenalphabet "Semaphor", z.T. noch in der Seefahrt üblich)

Bild 1.1
Optischer Telegraf
(zeitgenössische
Darstellung)

Daß man heute meist von elektrischer Nachrichtentechnik
spricht, liegt daran, daß die Elektrotechnik Verfahren und
Geräte zur Verfügung stellen kann, die sich für die Nachrich-
tenübermittlung sehr gut eignen. Folgende Daten mögen die Entwicklung kurz aufzeigen:

1809	Elektrolytischer Telegraf (SÖMMERING)
1833	Nadeltelegraf (GAUSS und WEBER)
1843	Morsealphabet (MORSE)
1850	Relais
1861	Telefon (REIS)
1866	Transatlantikkabel (FIELD)
1876	Telefon (BELL)
1881	Öffentlicher Fernsprechdienst in Deutschland
1887	Funkversuche (HERTZ)
1889	Hebdrehwähler (STROWGER)
1895	Drahtlose Telegrafie (MARCONI)
1901	Pupinspule (PUPIN), Transatlantik-Funkverbin-
	dung (MARCONI)
1906	Drahtlose Telefonie (POULSEN)
1907	Verstärkerröhre (LIEBEN, DE FOREST)
1909	Selbstwählamt in Hildesheim

1912	Fernkabel Berlin-Rheinland für Telephonie
1913	Röhrensender (MEISSNER)
1918	Überlagerungsempfänger (ARMSTRONG)
1923	Öffentlicher Rundfunk in Deutschland
1929	Trägerfrequenztelefonie, Fernschreibmaschine
1932	Fernsehen
1936	Richtfunk
1948	Transistor (BARDEEN, BRATTAIN, SHOCKLEY), Informationstheorie (SHANNON)
1958	Integrierte Schaltung (KILBY)
1962	Satellitenfunk (Telstar)
1966	Letztes Fernsprechortsamt mit Handvermittlung in Deutschland aufgelöst.

Die Entwicklung der elektrischen Nachrichtentechnik ist weit
fortgeschritten. Es gibt große öffentliche Nachrichtennetze,
wie Telefon- und Fernschreibnetz, Rundfunk und Fernsehen. Weiterhin existieren viele Arten kommerzieller Funk-, Fern-
sprech-, Bild- und Datenübertragungsdienste. Trotzdem hat sich
eine sehr alte Form der Übertragung, nämlich die Briefpost,
erhalten. Ebenso beginnt man, sich der optischen Übertragung
neu zu bedienen (allerdings mit völlig anderer Technik), um
den stets wachsenden Bedarf an Übertragungsbandbreite decken
zu können.

Das allgemeine Schema für eine Nachrichtenübertragungseinrichtung zeigt Bild 1.2. Es enthält die Komponenten, die für die
Übertragung erforderlich sind, und die Störungen.

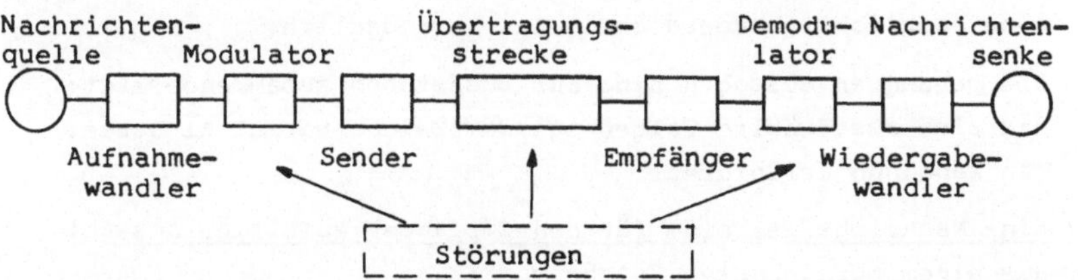

Bild 1.2   Allgemeines Schema einer Nachrichtenübertragungseinrichtung

Nachrichtenquelle bzw. -senke sind beispielsweise Menschen.
Es sind die Stellen, an denen die Nachricht erzeugt (z.B. für
Sprache der Mund) oder wieder aufgenommen wird (für Sprache
das Ohr). Die anderen Komponenten werden in diesem Skript behandelt.

Wie diese Komponenten ausgeführt sind, hängt von den Anforderungen des Einsatzes ab. Sie können analog oder digital arbeiten; sie können beispielsweise für geringe Kosten, kleine Gesamtleistung (Batteriegeräte) oder maximale Übertragungssicherheit ausgelegt sein. Das allgemeine Schema und grundle-
gende Betrachtungen über Informationsgehalt, Bandbreite, Verzerrungen u.a. sind in allen Fällen gleich.

2 Grundbegriffe der Informationstheorie

2.1 Begriff der Nachricht

Eine Nachricht ist in ihrem Wesen etwas zufälliges. Ein Signal
stellt für den Empfänger nur dann eine Nachricht dar, wenn es
nicht vollständig vorhersagbar, d.h. wenigstens teilweise zu-
fällig ist. Die Aussage "Du hast die Nase mitten im Gesicht"
stellt keine Nachricht dar, denn ihr Inhalt ist dem Nachrich-
tenempfänger bekannt. Die Aussage "krxxprittl pnepnmeus" ist
eine Nachricht, denn sie war nicht vorhersagbar. Es spielt
keine Rolle, daß diese Aussage unverständlich ist. Schließlich
ist der Satz "Ich schenke Peter ein Paar Handschuhe" nicht nur
eine Nachricht, sondern obendrein verständlich.

Die genannten Aussagen sind aus Buchstaben zusammengesetzt;
sie sind ausgewählte Folgen aus dem Zeichenvorrat Alphabet.
Man kann nun definieren:

__Eine Nachricht ist eine für den Empfänger zufällige Auswahl__
__aus einem vereinbarten Zeichenvorrat.__

Diese Definition leuchtet für diskrete Zeichenvorräte, z.B.
Alphabet oder Ziffern, ohne weiteres ein. Sie kann aber auch

für kontinuierlich besetzte Zeichenbereiche, z.B. analoge
Spannungen, angewendet werden, wenn man diese kontinuierlichen Werte quantisiert. Dies wird noch zu zeigen sein. Für
eine elektrische Übertragung muß die Nachricht in elektrische
Form gebracht werden, z.B. durch ein Mikrofon oder ein Daten-
eingabegerät. An der Art der Nachricht und insbesondere an
ihrem Informationsgehalt ändert sich dabei nichts.

2.2 Informationsgehalt

In Abschn. 2.1 ist gesagt worden, daß eine Nachricht eine zufällige Auswahl aus einem gegebenen Zeichenvorrat sei. In den
dort genannten Beispielen ist das Alphabet der Zeichenvorrat.
Da jeder Buchstabe des Alphabets beliebig oft wiederholt werden kann, ist für die Sprache ein sehr großer Zeichenvorrat
möglich.

Wir wenden uns zunächst einem kleineren Zeichenvorrat zu:
Der Prüfer will dem Kandidaten die Nachricht "Führerscheinprüfung bestanden" übermitteln. Die Tatsache, daß es sich um
die Führerscheinprüfung handelt, ist dem Kandidaten bekannt.
Es geht nur um die Frage: Bestanden oder nicht bestanden?
Der Zeichenvorrat ist in diesem Falle 2. Man kann also mit
einer Wahrscheinlichkeit von 50 % für das richtige Ereignis
erraten, welche Nachricht kommen wird. Der Informationsgehalt
ist daher klein. Daß die Bedeutung der Nachricht für den Empfänger groß ist, ist für den rechnerischen Informationsgehalt
ohne Belang.

2.2.1 Informationsgehalt diskreter, gleich wahrscheinlicher Zeichen

Der Informationsgehalt J ergibt sich aus dem Zeichenvorrat s.
Wir betrachten als Zeichenvorrat die ganzen Zahlen von 0 bis
15. Der Zeichenvorrat ist somit s = 16. Stellt man die Zahlen
im Dualkode dar, so erhält man

$$15 = 1 \cdot 2^3 + 1 \cdot 2^2 + 1 \cdot 2^1 + 1 \cdot 2^0 = 1111$$
$$14 = 1 \cdot 2^3 + 1 \cdot 2^2 + 1 \cdot 2^1 + 0 \cdot 2^0 = 1110$$

usw.

$$0 = 0 \cdot 2^3 + 0 \cdot 2^2 + 0 \cdot 2^1 + 0 \cdot 2^0 = 0000$$

Um diesen Zeichenvorrat darzustellen, braucht man also eine vierstellige Dualzahl oder 4 Bit (von englisch: binary digit). Nun ist 4 = lb 16. Benutzt man als Einheit für den Informationsgehalt das Bit, so ergibt sich

$$J = lb \ s \ \ Bit \tag{2.1}$$

lb ist der binäre Logarithmus, der Logarithmus zur Basis 2. Da dieser Logarithmus selten tabelliert zu finden ist, kann man sich folgender Formel als Rechenhilfe bedienen, die für die Umrechnung aus dem Zehnerlogarithmus gilt

$$lb \ s = \frac{lg \ s}{lg \ 2} = \frac{lg \ s}{0,301} \tag{2.2}$$

Wenn man den gleichen Zeichenvorrat s für die Nachricht n-mal anwendet, wie z.B. bei einer n-stelligen Zahl oder einem Wort mit n Buchstaben, so wird der gesamte Zeichenvorrat

$$s' = s^n$$

Der Informationsgehalt einer solchen Nachricht ist dann

$$J = lb \ s' = lb \ s^n = n \ lb \ s \tag{2.3}$$

Beispielsweise ist der Informationsgehalt einer Hamburger Telefonnummer

$$J = 7 \ lb \ 10 \ Bit = 7 \cdot 3,32 \ Bit = 23,26 \ Bit$$

In diesem Beispiel sind Einschränkungen für die freie Verwendbarkeit bestimmter Ziffern nicht berücksichtigt.

2.2.2 Informationsgehalt bei unterschiedlicher Zeichenwahrscheinlichkeit

In Abschn. 2.2.1 wird vorausgesetzt, daß die Wahrscheinlichkeit für alle Zeichen gleich ist. Die Wahrscheinlichkeit p eines Zeichens bei s möglichen Zeichen ist dann

$$p = \frac{1}{s} \qquad (2.4)$$

Damit gilt für den Informationsgehalt

$$J = \text{lb } s = \text{lb } \frac{1}{p} \qquad (2.5)$$

Hat jedes der Zeichen eine individuelle Wahrscheinlichkeit p_i, so ist

$$J_i = \text{lb } \frac{1}{p_i} \qquad (2.6)$$

Der mittlere Informationsgehalt, auch Entropie H genannt, ist dann der arithmetische Mittelwert, d.h. die Summe der mit p_i multiplizierten Einzelinformationsgehalte J_i

$$H = \sum_{i=1}^{s} p_i \text{ lb } \frac{1}{p_i} \qquad (2.7)$$

Die Entropie H ist kleiner oder höchstens gleich dem Informationsgehalt J. Wenn alle p_i gleich sind, wird

$$H = \sum_{i=1}^{s} p \text{ lb } \frac{1}{p} = \sum_{i=1}^{s} \frac{1}{s} \text{ lb } s = \text{lb } s = J$$

Der Informationsgehalt ist dann am größten, wenn alle Zeichen gleich wahrscheinlich sind, denn dann kann man am wenigsten genau vorhersagen, welches Zeichen kommen wird. Für die Einzelwahrscheinlichkeiten

$$\sum_{i=1}^{s} p_i = 1 \qquad (2.8)$$

denn eines der Zeichen kommt mit Sicherheit. Es sei z.B. ein Zeichenvorrat aus drei Zeichen gegeben mit den Einzelwahrscheinlichkeiten $p_1 = 1/2$, $p_2 = 1/4$ und $p_3 = 1/4$. Der mittlere Informationsgehalt, die Entropie, ist dann nach Gl. (2.7)

$$H = \frac{1}{2} \text{ lb } 2 + \frac{1}{4} \text{ lb } 4 + \frac{1}{4} \text{ lb } 4 = 1{,}5 \text{ Bit}$$

Bei gleichen Wahrscheinlichkeiten wäre der Informationsgehalt nach Gl. (2.1)

$$J = \text{lb } 3 = 1{,}59 \text{ Bit}$$

2.2.3 Informationsgehalt kontinuierlicher Nachrichten

Es wird vorausgesetzt, daß alle möglichen kontinuierlichen
Nachrichten die gleiche Wahrscheinlichkeit haben. Um den Informationsgehalt zu bestimmen, wird die kontinuierliche Nachricht durch eine Folge diskreter Zeichen angenähert. Die Umwandlung in eine solche Folge wird durch Quantisierung nach
Maßgabe eines Amplituden- und eines Zeitrasters vorgenommen
(Bild 2.1). Man nähert das kontinuierliche Signal durch eine
Treppenkurve an. Ein geeignetes Verfahren wird in Abschn.
5.2.2 erläutert.

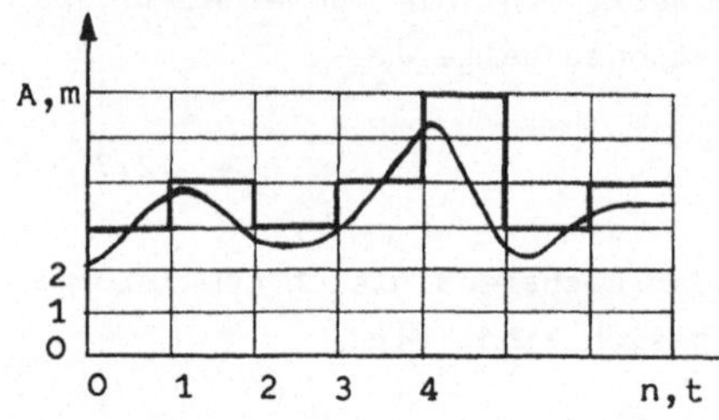

Bild 2.1

Quantisierung eines
kontinuierlichen Signals
durch eine angenäherte
Treppenkurve

Ist m die Anzahl der Amplitudenstufen und n die Anzahl der auf
die Zeit bezogenen Schritte, so wird die Gesamtzahl der möglichen Treppenkurven

$$s = m^n \qquad (2.9)$$

und der Informationsgehalt des kontinuierlichen Signals nach
Gl. (2.3)

$$J = n \; lb \; m \qquad (2.10)$$

Die Zahl der Amplitudenstufen ergibt sich aus der geforderten
Feinheit der Auflösung. Für ausreichende Sprachverständlichkeit sind etwa 2^5, für Musik etwa 2^7 Stufen erforderlich. Die
Anzahl der Zeitschritte richtet sich nach der höchsten zu ü-
bertragenden Frequenz f_{max}. Nach dem Abtasttheorem (s.Abschn.
3.4) muß gelten

$$n = f_{tast} \geq 2 \; f_{max}$$

Die oberen Grenzfrequenzen f_{max} liegen beispielsweise für Sprachübertragung bei 3400 Hz und für Musikübertragung bei 15 kHz.

Beispiel 2.1

Wie groß ist der Informationsgehalt eines Sprachsignals? Nach Abschn. 2.2.3 werden zugrunde gelegt

$$m = 2^5 = 32 \text{ Amplitudenstufen}$$
$$n = 2 \cdot 3400 \text{ Hz} = 6800/s$$

Der Informationsgehalt ist daher nach Gl. (2.3)

$$J = n \text{ lb } m = \frac{6800}{s} \text{ lb } 32 \text{ Bit} = 34000 \text{ Bit/s}$$

Ein Sprachsignal von einer Sekunde Dauer hat demnach den Informationsgehalt $J = 34$ kBit.

2.3 Redundanz

Wir fragen nach dem Informationsgehalt des Wortes "Baum". Für einen Buchstaben gibt es, den Wortzwischenraum eingerechnet, nach dem Alphabet 27 Möglichkeiten. Der gesuchte Informationsgehalt ist damit nach Gl. (2.3)

$$J = 4 \text{ lb } 27 = 19,02 \text{ Bit}$$

Dabei haben wir angenommen, daß es $27^4 = 531\ 441$ Möglichkeiten gibt, ein Wort aus 4 Buchstaben zu bilden. Nun wird aber der gesamte Wortschatz der deutschen Sprache auf 300 000 Wörter geschätzt, und die Anzahl der aus 4 Buchstaben gebildeten sinnvollen Wörter ist sicherlich wesentlich kleiner. Die Zahl 531 441 beinhaltet also neben sinnvollen Wörtern sehr viele sinnlose Buchstabenkombinationen. In einem solchen Fall, in dem mehr Möglichkeiten berücksichtigt als sinnvoll ausgenutzt werden, spricht man von <u>Redundanz</u>.

Die Redundanz R ist die Differenz zwischen dem nach berücksichtigtem Zeichenvorrat möglichen Informationsgehalt $J = H_o$ und dem ausgenutzten Informationsgehalt H

$$R = H_o - H = \text{lb } s - \sum_{i=1}^{s} p_i \text{ lb } \frac{1}{p_i} \qquad (2.11)$$

Für den Fall, daß von den s möglichen Zeichen nur a ausgenutzt werden, sind die Einzelwahrscheinlichkeiten p_{s-a} bis p_s gleich Null. Damit wird

$$R = \text{lb } s - \sum_{i=1}^{a} p_i \text{ lb } \frac{1}{p_i} \qquad (2.12)$$

Sind zusätzlich die Wahrscheinlichkeiten p_1 bis p_a alle gleich, so wird

$$R = \text{lb } s - \text{lb } a \qquad (2.13)$$

Häufig benutzt man die relative Redundanz

$$R' = \frac{H_o - H}{H_o} \qquad (2.14)$$

Für den Fall gleicher Wahrscheinlichkeiten p_1 bis p_a ist nach Gl. (2.13)

$$R' = \frac{\text{lb } s - \text{lb } a}{\text{lb } s} \qquad (2.15)$$

Bei $s = a$, d.h. wenn der gesamte Zeichenvorrat ausgenutzt wird, ist $R' = 0$. Wenn nur $a = 1$ Zeichen ausgenutzt wird, die Nachricht also mit Sicherheit vorhergesagt werden kann, wird $R' = 1$.

<u>Beispiel 2.2</u>

Wie groß ist die Redundanz R' eines aus 4 Buchstaben gebildeten Wortes, wenn man annimmt, daß nur 10 % dieser Wörter sinnvoll sind?

Es sind $s = 27^4$ Zeichen möglich, ausgenutzt werden aber nur $a = 0,1 \cdot 27^4$. Nach Gl. (2.15) ist dann die relative Redundanz

$$R' = \frac{\text{lb } 27^4 - \text{lb } 0,1 \cdot 27^4}{\text{lb } 27^4} = 0,175$$

2.3.1 Redundanzminderung

Redundanz bedeutet, daß mehr Möglichkeiten vorgesehen sind
als tatsächlich ausgenutzt werden. Diesen überflüssigen Aufwand sucht man zu verringern. Die Redundanz ist nach Gl.
(2.11) $R = H_o - H$. Der auszunutzende Informationsgehalt H ist
durch das jeweilige Problem vorgegeben. Die Redundanzminde-
rung muß also zum Ziel haben, den insgesamt berücksichtigten
Informationsgehalt H_o zu verringern.

$$H_o \longrightarrow H \qquad\qquad (2.16)$$

Für den Grenzfall $H_o = H$ wird die Redundanz Null. Es sei ein
Zeichenvorrat aus z.B. 4 Zeichen gegeben mit den Einzelwahrscheinlichkeiten $p_1 = 0$, $p_2 = 0$, $p_3 = 1/4$, $p_4 = 3/4$. In diesem Falle ist nach Gl. (2.1)

$$J = H_o = lb\ s = lb\ 4\ Bit = 2\ Bit$$

und nach Gl. (2.7)

$$H = \sum_{3}^{4} p_i\ lb\ \frac{1}{p_i} = \frac{1}{4}\cdot 2\ Bit + \frac{3}{4}\cdot 0,415\ Bit = 0,811\ Bit$$

Die relative Redundanz ist somit nach Gl. (2.14)

$$R' = \frac{2 - 0,811}{2} = 0,595$$

Wenn man für die Berechnung von H_o aber berücksichtigt, daß
$p_1 = p_2 = 0$ ist, so wird

$$H_o = lb\ 2\ Bit = 1\ Bit$$

und die Redundanz beträgt nur noch

$$R' = \frac{1 - 0,811}{1} = 0,189$$

Die deutsche Sprache liefert ein weiteres Beispiel. Man hat
die Wahrscheinlichkeiten für das Vorkommen der einzelnen Buchstaben durch Auszählen von langen Texten ermittelt. Ein Ergebnis ist in Tafel 2.2 aufgeführt. Werden alle Buchstaben als
gleich wahrscheinlich angesehen, so ergibt sich nach Gl. (2.1)
für einen Buchstaben der Informationsgehalt

$$H_o = \text{lb } 27 \text{ Bit} = 4,755 \text{ Bit}$$

Berücksichtigt man die Einzelwahrscheinlichkeiten nach Tafel

	a	b	c	d	e	f	g
p_i	0,0594	0,0138	0,0255	0,0546	0,1440	0,0078	0,0236
	h	i	j	k	l	m	n
p_i	0,0361	0,0628	0,0028	0,0071	0,0345	0,0172	0,0865
	o	p	q	r	s	t	u
p_i	0,0211	0,0067	0,0005	0,0622	0,0646	0,0536	0,0422
	v	w	x	y	z	Zwischenraum	
p_i	0,0079	0,0113	0,0008	0,0000	0,0092	0,1442	

Tafel 2.2 Buchstabenhäufigkeit der deutschen
Sprache nach /1/

2.2, so ist der Informationsgehalt nach Gl. (2.7) nur noch

$$H_o = \sum_1^{27} p_i \text{ lb } \frac{1}{p_i}$$

$$= 0,0594 \text{ lb } \frac{1}{0,0594} \text{ Bit} + 0,1442 \text{ lb } \frac{1}{0,1442} \text{ Bit}$$

$$= 4,044 \text{ Bit}$$

Man kann nun noch die Wahrscheinlichkeiten von Buchstabenkombinationen berücksichtigen; die Kombination "sch" ist beispielsweise wesentlich häufiger als "eqa". Durch Einbeziehen dieser Verbundwahrscheinlichkeiten hat man den ausgenutzten mittleren Informationsgehalt 0,9 Bit/Buchstabe ermittelt. Ein Textkodierungssystem, das alle Buchstaben als gleich wahrscheinlich betrachtet, hat demnach die relative Redundanz

$$R' = \frac{4,755 - 0,9}{4,755} = 0,811$$

Bei Berücksichtigung der Einzelwahrscheinlichkeiten der Buchstaben verringert sich die relative Redundanz auf

$$R' = \frac{4,044 - 0,9}{4,044} = 0,777$$

Große Redundanz bedeutet, daß viele sinnlose Buchstabenkombinationen möglich sind, wie das Beispiel des Wortes "Baum" in Abschn. 2.3. zeigt. Wenn man Zufallfolgen aus Buchstaben bildet, die in 0. Ordnung alle Buchstaben als gleich wahrscheinlich voraussetzen, in 1. Ordnung die Einzelwahrscheinlichkeiten, in 2. Ordnung die Wahrscheinlichkeiten von Zweierkombinationen usw. berücksichtigen, so ergeben sich Folgen, die mit steigender Ordnung der natürlichen Sprache immer ähnlicher werden. Dies ist ein Zeichen dafür, daß sich die Redundanz mit steigender Ordnung vermindert. Ein Beispiel für solche Zufallsfolgen ist nach /2/

0. Ordnung: motcfbiwqk njrbuejqphlyndubafw

1. Ordnung: eme gkneet ers titbl btzenfndbgdeai e lasz beteatr iasmirch egeom

2. Ordnung: ausz keinu wondinglin dufrn isar steisberer ithem anorer

3. Ordnung: planzeudges phin ine unden vebeicht ges auf es so ung gan dich wanderso

4. Ordnung: ich folgemaeszig bis stehen disponin seele namen

Durch eingehendes Studium der Nachrichtenquelle läßt sich demnach die Redundanz und damit der berücksichtigte Informationsgehalt H_o vermindern. In Abschn. 3.5 wird gezeigt, daß die nötige Übertragungsbandbreite oder -zeit um so kleiner werden, je kleiner H_o angesetzt werden kann. Insbesondere bei der Übertragung von Bildern spielen daher redundanzmindernde Verfahren eine große Rolle, weil Bilder sehr hohe Informationsgehalte haben und Einsparungen deshalb besonders lohnend sind.

2.3.2 Erhöhung der Übertragungssicherheit

Es gibt Anwendungsfälle, in denen man zur Erhöhung der Übertragungssicherheit gezielt Redundanz einfügt. Wir betrachten folgenden Fall: Die Zahlen 0 bis 9 sollen im Dualkode übertragen werden. Jedes verfälschte Binärelement bedeutet dann, daß die Nachricht falsch aufgenommen wird. Man kann aber den Dualkode so erweitern, d.h. Redundanz einfügen, daß Fehler

erkannt werden können. Dazu ergänzt man jedes übertragene
Zeichen durch ein Prüfelement, auch Prüfbit genannt.

Dezimal	Dual	Prüfelement	Summe der 1-Elemente
0	0000	0	0
1	0001	1	2
2	0010	1	2
3	0011	0	2
4	0100	1	2
5	0101	0	2
6	0110	0	2
7	0111	1	4
8	1000	1	2
9	1001	0	2

Das Prüfelement wird so gewählt, daß für jedes Zeichen die
Summe der 1-Elemente eine gerade Zahl ergibt. Ist also diese
Summe für das empfangene Zeichen eine gerade Zahl, so kann
man davon ausgehen, daß dieses Zeichen fehlerfrei übertragen
wurde. Dieses Verfahren versagt in dem sehr unwahrscheinli-
chen Fall, daß in einem Zeichen zwei Bitfehler auftreten.

Die Redundanz wird durch das Prüfelement auf folgende Weise
erhöht: 10 Zeichen werden ausgenutzt. Der 4-stellige Dualkode
ermöglicht 2^4 = 16 Zeichen. Ohne das Prüfelement ergibt sich
nach Gl. (2.15) die relative Redundanz

$$R' = \frac{\text{lb } 16 - \text{lb } 10}{\text{lb } 16} = 0,17$$

Mit dem Prüfelement werden 2^5 = 32 Zeichen möglich. Die relative Redundanz ist nun

$$R' = \frac{\text{lb } 32 - \text{lb } 10}{\text{lb } 32} = 0,336$$

Durch eine zusätzliche Erweiterung läßt sich der Kode so ab-
sichern, daß ein Bitfehler nicht nur erkannt, sondern auch
korrigiert werden kann. Bei der Blocksicherung fügt man nach
einem Block von z.B. 10 Zeichen ein Prüfzeichen so ein, daß
sich spaltenweise wieder eine geradzahlige Summe von 1-Ele-

menten ergibt.

Dezimal	Dual	Prüfelement	Summe 1-Elemente
0	0000	0	0
1	0001	1	2
2	0010	1	2
3	0011	0	2
4	0100	1	2
5	0101	0	2
6	0110	0	2
7	0111	1	4
8	1000	1	2
9	1001	0	2
0001		1	Prüfzeichen
2446		6	Summe 1-Elemente

Falls ein solcher Block einen Fehler enthält, kann man ihn
nach Zeile und Spalte angeben und durch Invertieren des be-
treffenden Bits korrigieren.

Zu den 32 Zeichen für den Dualkode mit Prüfelement kommt jetzt
noch das Blockprüfzeichen hinzu. Die relative Redundanz ist
in diesem Falle

$$R' = \frac{\text{lb } 33 - \text{lb } 10}{\text{lb } 33} = 0,341$$

Auch durch mehrfaches Übertragen der gleichen Nachricht erhöht sich die Übertragungssicherheit. Bei n-facher Übertragung des ausgenutzten Zeichenvorrates a wird die relative Redundanz

$$R' = \frac{\text{lb } na - \text{lb } a}{\text{lb } na} = \frac{\text{lb } n}{\text{lb } n - \text{lb } a} \qquad (2.16)$$

Beispiel 2.3

Wie groß wird die relative Redundanz, wenn die dual kodierten
Zahlen 0 bis 9 zur Erhöhung der Übertragungssicherheit doppelt
übertragen werden?

Der ausgenutzte Zeichenvorrat ist 10. Es werden aber, bedingt durch den Dualkode, bei einfacher Übertragung 16 und bei doppelter Übertragung 32 Zeichen möglich. Die relative Redundanz ist daher

$$R' = \frac{\text{lb } (2\ 16) - \text{lb } 10}{\text{lb } (2\ 16)} = 0,336$$

3 Frequenzbereich - Zeitbereich von Signalen

3.1 Nachrichtensignale

3.1.1 Kontinuierliche Signale

Kontinuierliche Signale sind durch zeitlich kontinuierliche Größen darstellbar. Beispiele sind die sinusförmige Spannung und das Sprachsignal des Mikrofons nach Bild 3.1.

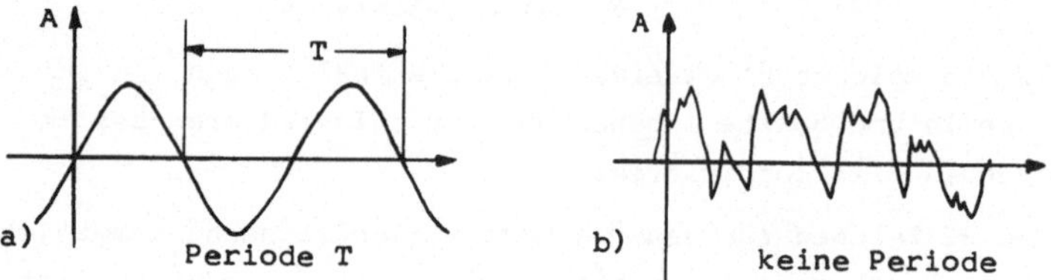

Bild 3.1   Beispiele kontinuierlicher Signale
a) sinusförmiges Signal   b) Sprachsignal

Allgemein gilt für ein periodisches Signal mit der Periodendauer T und der ganzen Zahl n = 1, 2, 3...

$$A(t) = A(nT + t) \tag{3.1}$$

Dieses gilt für alle Zeiten t. Ein im strengen Sinne periodisches Signal ist also für alle Zeiten definiert. Damit ist es vollständig vorhersagbar und hat keinen Informationsgehalt. Streng periodische Signale sind nicht realisierbar, denn die Signalenergie

$$W = \int_{-\infty}^{+\infty} A^2(t)\ dt \tag{3.2}$$

ist unendlich groß. Dennoch spielt die Behandlung periodischer Signale in der Nachrichtentechnik eine überragende Rolle, weil sich alle Signale durch Summen bzw. Integrale von sinusförmigen Signalen darstellen lassen. Dies wird in den folgenden Abschnitten gezeigt.

Läuft ein Signal nicht für alle Zeiten, so ist es nicht periodisch. Es hat aber einen Informationsgehalt, denn das Ein- bzw. Ausschalten ist nicht vorhersagbar. Man bezeichnet oft ein Signal dann als angenähert periodisch, wenn die Einschaltzeit t_{ein} groß gegen die Periodendauer T ist.

$$t_{ein} \gg T \tag{3.3}$$

Ein Beispiel dafür zeigt Bild 3.2.

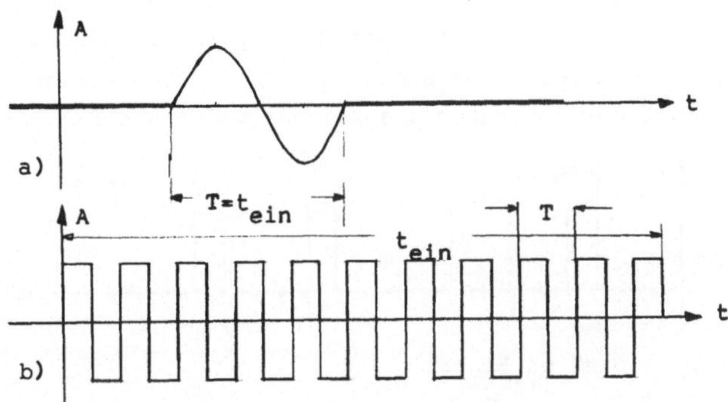

Bild 3.2   Zur Erläuterung des Begriffs "angenähert periodisch"
a) t_{ein} = T : nicht periodisch
b) $t_{ein} \gg$ T : angenähert periodisch

3.1.2 Diskrete Signale

Diskrete Signale bestehen aus einzelnen Teilsignalen, die durch Pausenzeiten voneinander getrennt sind. Technisch bedeutsame diskrete Signale sind Impulse. Ein allgemeines aus Impulsen bestehendes Signal zeigt Bild 3.3. Charakteristische Größen sind Pulsamplitude A, Pulsbreite τ und Pulsabstand T.

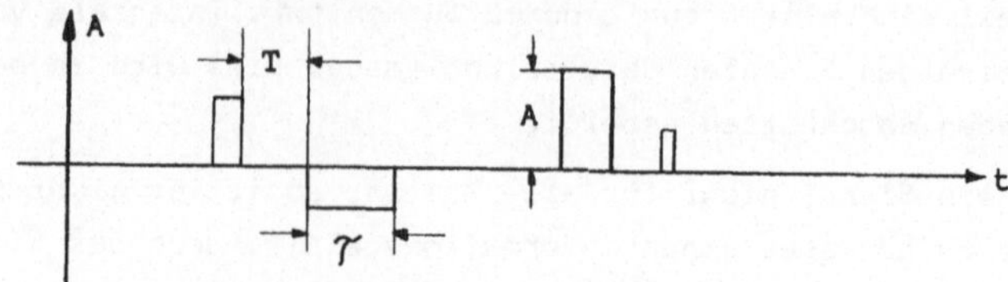

Bild 3.3   Impulssignal

Von besonderer technischer Bedeutung sind binäre Signale, d.
h. Folgen von Impulsen konstanter Amplitude und Breite. Binär
bedeutet, daß nur die zwei Zustände "Puls" und "kein Puls"
unterschieden werden. Bild 3.4 zeigt ein Beispiel für ein binäres Signal. Ein Zeichen ist darin eine Pulsfolge konstanter
Pulszahl, und ein Element ist ein Einzelpuls. Die Pulszahl je
Zeichen, auch Zeichenlänge genannt, muß jeweils vereinbart
werden, damit der Empfänger die Zeichen voneinander trennen
kann.

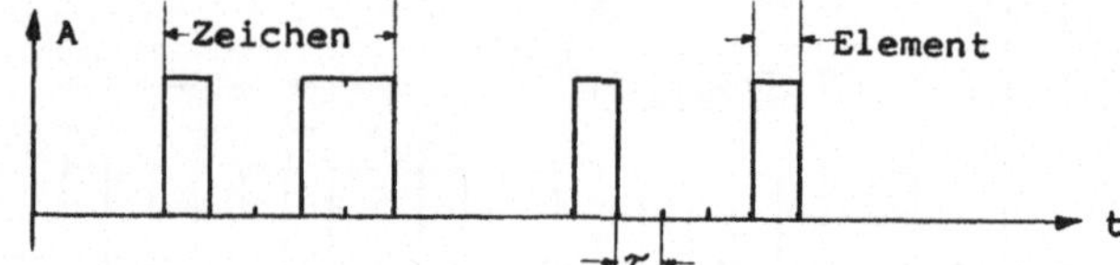

Bild 3.4   Binäres Signal

Der besseren Übertragbarkeit wegen werden binäre Signale oft
in pseudoternäre Signale nach Bild 3.5 umgeformt. Dieses Signal hat die drei Zustände +1, O und -1, wobei +1 und -1 glei-
chermaßen als "1" gewertet werden. Pseudoternäre Signale haben keinen Gleichspannungsanteil. Daher lassen sie sich auch
durch Übertrager leiten.

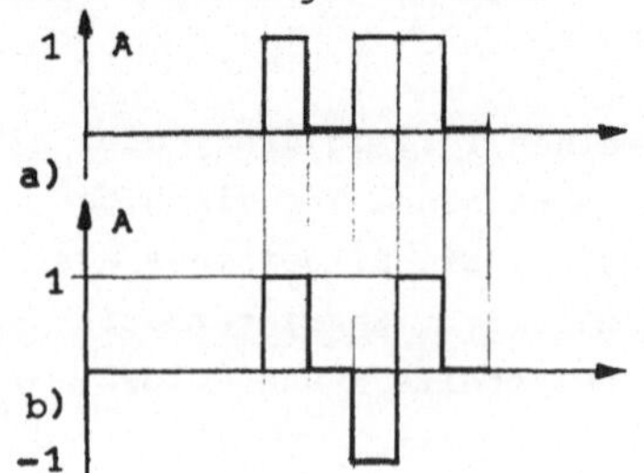

Bild 3.5

Umwandlung eines binären
in ein pseudoternäres
Signal
a) binäres Signal
b) pseudoternäres Signal

Durch Abtasten und Quantisieren lassen sich, wie in Abschn.
5.2.2 gezeigt wird, kontinuierliche Signale in Pulsfolgen umwandeln. Deshalb ist Nachrichtenübertragung mit binären Signalen, also digitale Übertragung, ebenso möglich wie das Arbeiten mit kontinuierlichen Signalen, d.h. analoge Nachrichtenübertragung. Welche Technik jeweils günstiger ist, muß im
Einzelfall geprüft werden.

3.2 Begriff der Bandbreite

3.2.1 Bandbreite von Signalen

Man ist es gewohnt, elektrische Signale im Zeitbereich darzustellen

$$u(t) = U_o \, f(t) \tag{3.4}$$

Mit der Kenntnis des Verlaufes $u(t)$ ist das Signal genau beschrieben und man kann es grafisch darstellen (Bild 3.6).

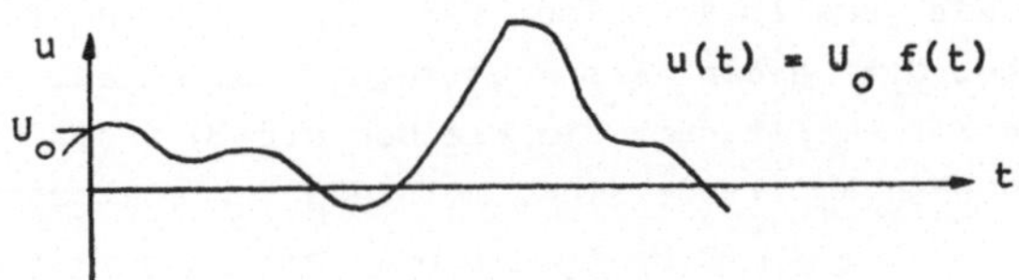

Bild 3.6   Signal im Zeitbereich

Die Darstellung im Zeitbereich ist aber nicht immer sinnvoll.

Betrachtet man beispielsweise eine Reihenschaltung aus Widerstand R und Induktivität L nach Bild 3.7, so ist der Scheinwiderstand

$$\underline{Z} = R + j\omega L = \underline{Z}(\omega)$$

eine Funktion der Kreisfrequenz ω.

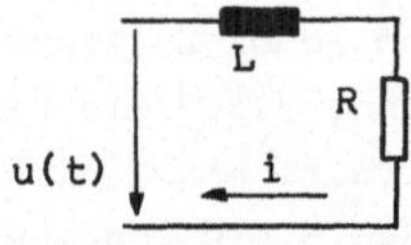

Bild 3.7

Netzwerk mit frequenzabhängi-
gem Scheinwiderstand $\underline{Z}$

Legt man die Spannung u(t) an diese Schaltung und möchte den
Strom ermitteln, so gilt

$$i = \frac{u(t)}{\underline{Z}(\omega)} = i(t,\omega)$$

Der Strom ist nicht ohne Kenntnis der in u(t) enthaltenen Frequenzen zu bestimmen. Im allgemeinen wird das Verhalten von
Netzwerken, d.h. von realisierbaren Schaltungen, im Frequenzbereich angegeben, weil die Scheinwiderstände Funktionen der
Frequenz sind. Um diese Netzwerke zweckentsprechend bauen zu
können, muß man den Frequenzgehalt der Signale u(t) kennen,
die in den Netzwerken verarbeitet werden sollen.

Die in einem Signal u(t) enthaltenen Frequenzen bestimmen seine Frequenzbandbreite oder kurz Bandbreite. Ein realisierba-
res Signal enthält im allgemeinen unendlich viele Frequenzen
in einem unendlich breiten Frequenzband. Als Bandbreite des
Signals bezeichnet man nur den technisch bedeutsamen Teil der
Frequenzen. Was jeweils technisch bedeutsam ist, muß für den
Einzelfall geprüft werden. Als Faustregel mag gelten, daß Frequenzanteile mit Amplituden, die kleiner als 10 % der höchsten vorkommenden Amplitude sind, meistens vernachlässigt werden können.

Die Bandbreite ergibt sich als Differenz von höchster technisch bedeutsamer Frequenz f_o und niedrigster technisch bedeutsamer Frequenz f_u.

$$B = f_o - f_u \tag{3.5}$$

Zur Erläuterung zeigt Bild 3.8 die Bandbreite eines Signals
mit periodischer Zeitfunktion, deren zugehöriges Spektrum
nach Abschn. 3.3.2 ein Linienspektrum ist. Bild 3.8 b) zeigt
die Bandbreite eines nicht periodischen Signals, das nach
Abschn. 3.3.3 ein kontinuierliches Spektrum hat.

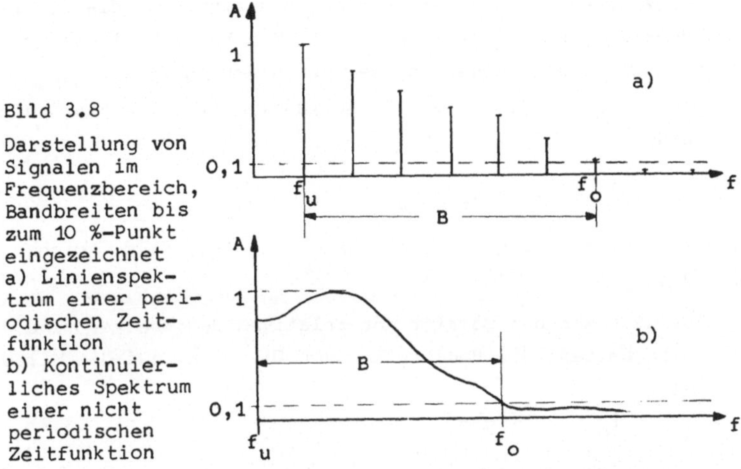

Bild 3.8

Darstellung von Signalen im Frequenzbereich, Bandbreiten bis zum 10 %-Punkt eingezeichnet
a) Linienspektrum einer periodischen Zeitfunktion
b) Kontinuierliches Spektrum einer nicht periodischen Zeitfunktion

3.3.2 Bandbreite von Netzwerken

Auch für Netzwerke ist eine Bandbreite definiert. Alle Übertragungseinrichtungen, wie Leitungen, Verstärker, Filter usw., sind Netzwerke und werden durch ihren Amplitudengang F beschrieben, das ist der Quotient von Ausgangs- und Eingangsspannung des Netzwerkes

$$F(\omega) = \frac{u_a(\omega)}{u_e(\omega)} \qquad (3.7)$$

Der Amplitudengang kann beispielsweise den in Bild 3.9 gezeigten Verlauf über der Frequenz f haben, aus dem sich die Bandbreite ablesen läßt.

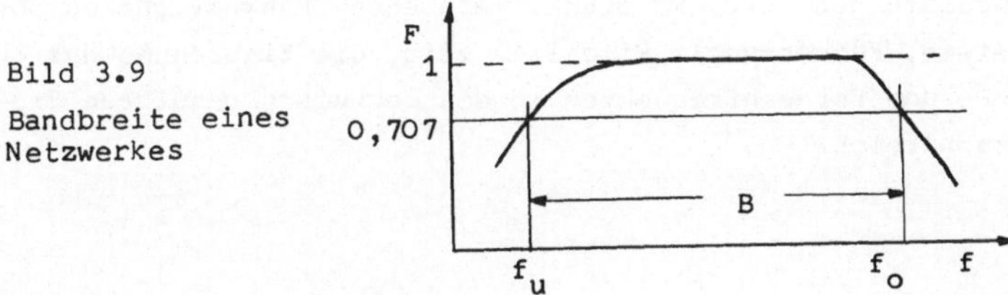

Bild 3.9

Bandbreite eines Netzwerkes

Bei Netzwerken sind, anders als bei den Signalen, die Grenzfrequenzen f_o und f_u fest definiert. Man bezeichnet die Frequenzen als Grenzfrequenzen, bei denen der Amplitudengang
um den Faktor $1/\sqrt{2} = 0{,}707$ abgesunken ist. Die Bandbreite
ist dann

$$B = \Delta f = f_o - f_u \qquad (3.8)$$

Man spricht auch von der 3-dB-Bandbreite (für dB s. Abschn.
4.2.1).

Oft benutzt man den Begriff der relativen Bandbreite. Eine Definition bezieht die Bandbreite nach Gl. (3.8) auf die Mitten-
frequenz

$$f_m = \frac{f_o - f_u}{2} \qquad (3.9)$$

Damit gilt für die relative Bandbreite B_r

$$B_r = \frac{2(f_o - f_u)}{f_o + f_u} \qquad (3.10)$$

3.3 Bestimmung der Bandbreite von Signalen

3.3.1 Diskrete Frequenzen

Bei Vorliegen diskreter Frequenzen ist die Bandbreite einfach
nach Gl. (3.5) zu bestimmen, da die Grenzfrequenzen bekannt
sind. Ein Beispiel für diesen Fall ist das Radiogerät, dessen
Durchstimmbereich sich als Differenz zwischen höchster und
niedrigster einstellbarer Senderfrequenz ergibt.

Für technische Zwecke wird der sehr große Frequenzbereich von
etwa 10 kHz bis über 100 GHz benutzt für eine Vielzahl von
Einrichtungen (z.B. Rundfunk, Fernsehen, Funknavigation, Leit-
systeme, Funkortung). Bild 3.10 zeigt die Einordnung der Rund-
funk- und Fernsehfrequenzen in den technisch genutzten Frequenzbereich.

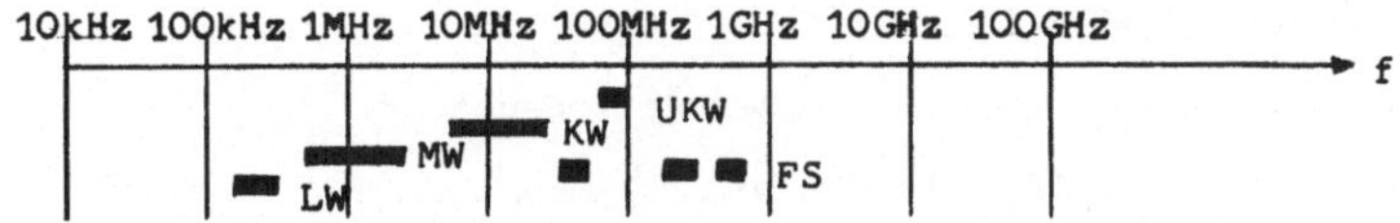

Bild 3.10   Bereich der technisch genutzten Frequenzen.
Die Lage der Rundfunkfrequenzen (LW, MW, KW
und UKW) und der Fernsehfrequenzen (FS) ist
eingezeichnet.

Die genauen Frequenzbereiche können der Tafel 3.11 entnommen
werden. Die dort ebenfalls angegebene Wellenlänge ist mit der
Ausbreitungsgeschwindigkeit der Welle c und ihrer Frequenz f

$$\lambda = c/f \qquad (3.11)$$

Weiter ist die für den einzelnen Sender verfügbare Bandbreite
bzw. der Kanalabstand aufgeführt.

Tafel 3.11   Frequenzbereiche

Rundfunk	Frequenz	Wellenlänge	Kanalabstand
LW	145 kHz – 345 kHz	870 m – 2064 m	9 kHz
MW	515 kHz – 1620 kHz	185 m – 583 m	9 kHz
KW	5,9 MHz – 18,5 MHz	16,2 m – 51 m	9 kHz
UKW	87,5 MHz – 100 MHz	3 m – 3,44 m	300 kHz
Fernsehen			
Band I	41 MHz – 68 MHz	4,41 m – 7,32 m	7 MHz
Band III	174 MHz – 223 MHz	1,35 m – 1,72 m	7 MHz
Band IV/V	470 MHz – 790 MHz	0,38 m – 0,638 m	8 MHz

Zur Kennzeichnung der Frequenzbereiche sind auch noch gebräuchlich:

VLF	very low frequency	Myriameterwellen	bis 30 kHz
LF	low frequency	Kilometerwellen	" 300 kHz
MF	medium frequency	Hektometerwellen	" 3 MHz
HF	high frequency	Dekameterwellen	" 30 MHz
VHF	very high frequency	Meterwellen	" 300 MHz
UHF	ultra high frequency	Dezimeterwellen	" 3 GHz
SHF	super high frequency	Zentimeterwellen	" 30 GHz
EHF	extremely high frequency	Millimeterwellen	" 300 GHz

3.3.2 Harmonische Analyse

Für periodische Signale mit der Periodendauer

$$T \ = \ 1/f \ = \ 2\pi/\omega \tag{3.12}$$

läßt sich die Bandbreite mit Hilfe der harmonischen Analyse nach F o u r i e r bestimmen. Ein periodisches Signal der Form

$$u(t) \ = \ f(\omega t)$$

läßt sich danach durch eine unendliche Reihe folgender Form darstellen:

$$u(t) \ = \ a_o + a_1 \cos \omega t + a_2 \cos 2\omega t + \ldots$$
$$+ \ b_1 \sin \omega t + b_2 \sin 2\omega t + \ldots$$

Zusammengefaßt ergibt sich die Darstellung

$$u(t) \ = \ a_o + \sum_{n=1}^{\infty} (a_n \cos n\omega t + b_n \sin n\omega t) \tag{3.13}$$

Es kommen nur ganzzahlige Vielfache der Grundfrequenz vor. Solche Frequenzen heißen harmonische Frequenzen. Sie entsprechen Tönen mit Intervallen von 1 Oktave, 2 Oktaven usw., die dem Ohr harmonisch klingen. Die Koeffizienten a_n bzw. b_n ergeben sich durch die Integrale

$$a_n \ = \ \frac{2}{T} \int_{-T/2}^{T/2} f(\omega t) \ \cos n\omega t \ dt \tag{3.14}$$

und

$$b_n \ = \ \frac{2}{T} \int_{-T/2}^{T/2} f(\omega t) \ \sin n\omega t \ dt \tag{3.15}$$

Der Koffizient a_o ist der zeitliche Mittelwert der Funktion $f(\omega t)$

$$a_o \ = \ \frac{1}{T} \int_{-T/2}^{T/2} f(\omega t) \ dt \tag{3.16}$$

Der zeitliche Mittelwert a_o ist der Gleichanteil des Signals $u(t)$. Meist läßt es sich der Zeitfunktion unmittelbar ansehen, ob ein Gleichanteil vorhanden ist oder nicht (Bild 3.12). Ist $f(\omega t)$ eine gerade Funktion, wenn also gilt

$$f(\omega t) \ = \ f(-\omega t) \tag{3.17}$$

so sind alle Koeffizienten b_n Null. Ist $f(\omega t)$ eine ungerade
Funktion, so gilt

$$f(\omega t) \;\; = - f(-\omega t) \tag{3.18}$$

und es verschwinden alle Koeffizienten a_n. Diese Beziehungen
erleichtern häufig die Rechnung und sind in Bild 3.12 veran-
schaulicht.

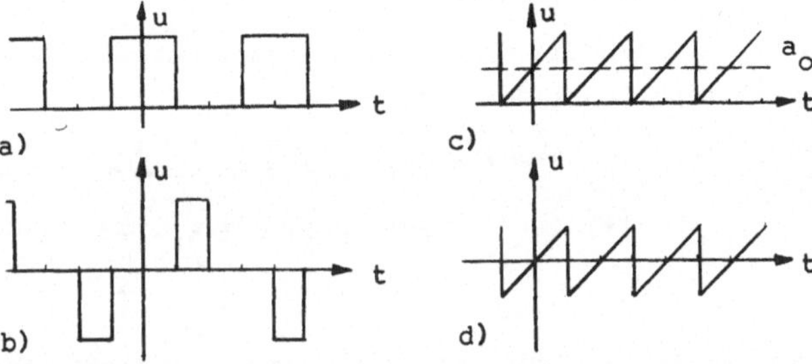

Bild 3.12

Beispiele periodischer Funktionen   a) gerade Funktion,
b) ungerade Funktion, c) Funktion mit Gleichanteil a_o,
d) Funktion ohne Gleichanteil

Das Amplitudenspektrum, aus dem sich die Bandbreite ablesen
läßt, ist durch Spektrallinien der Frequenzen $\omega_n = n\omega$ gegeben, die jeweils die Amplitude $\hat{u}_n$ haben.

$$\hat{u}_n \;\; = \;\; \sqrt{a_n^2 + b_n^2} \tag{3.19}$$

Die Phasen der einzelnen Spektralanteile sind gegeben durch

$$\varphi_n \;\; = \;\; \arctan \frac{b_n}{a_n} \tag{3.20}$$

Das Phasenspektrum (3.20) ist für die Bandbreite nicht von
Bedeutung.

Wir betrachten als Beispiel periodische Impulse der Breite $T\delta$
nach Bild 3.13. δ ist das Tastverhältnis

$$\delta = \frac{\text{Einschaltzeit je Periode}}{\text{Periodendauer}} \tag{3.21}$$

Zunächst müssen wir die Funktionsgleichung aufstellen. Da die
Zeitfunktion periodisch ist, brauchen wir sie nur für eine
Periode zu definieren. Damit ist sie vollständig bestimmt.

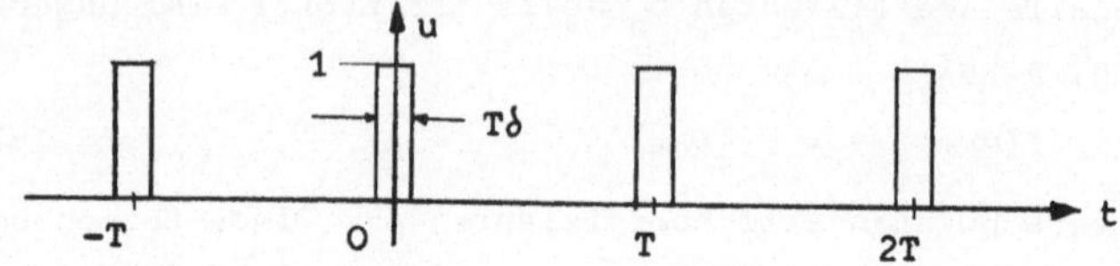

Bild 3.13   Impulsreihe

Wir bestimmen die Funktion, die ja stückweise stetig ist,
durch eine Funktionstabelle.

$$u(t) = \begin{cases} 0 \ \text{für} & -\dfrac{T}{2} < t < -\dfrac{T}{2}\delta \\[2mm] 1 \ \text{für} & -\dfrac{T}{2}\delta \leq t \leq +\dfrac{T}{2}\delta \\[2mm] 0 \ \text{für} & +\dfrac{T}{2}\delta < t < +\dfrac{T}{2} \end{cases} \qquad (3.22)$$

Aus dem Zeitverlauf ist zu erkennen, daß u(t) eine gerade
Funktion ist. Folglich verschwinden die Koeffizienten b_n. E-
benfalls ist zu erkennen, daß ein Gleichanteil vorhanden ist.
Der Koeffizient a_o ergibt sich zu

$$a_o = \frac{1}{T} \int\limits_{-T/2}^{+T/2} u(t) \, dt = \frac{2}{T} \int\limits_{0}^{+(T/2)\delta} 1 \, dt = 1 \qquad (3.23)$$

Die Koeffizienten a_n errechnen sich entsprechend

$$a_n = \frac{2}{T} \int\limits_{-T/2}^{+T/2} u(t) \cos n\omega t \, dt = \frac{4}{T} \int\limits_{0}^{(T/2)\delta} 1 \cos n\omega t \, dt =$$

$$= \frac{4}{nT\omega} \sin n \frac{T}{2}\omega\delta = \frac{2}{n\pi} \sin n\pi\delta \qquad (3.24)$$

Der Koeffizient a_2 ist damit beispielsweise

$$a_2 = \frac{2}{2\pi} \sin 2\pi\delta = \frac{1}{\pi} \sin 2\pi\delta$$

Zusammengefaßt läßt sich das Ergebnis so schreiben:

$$u(t) = \delta \left[1 + 2 \sum_{n=1}^{\infty} \frac{\sin n\pi\delta}{n\pi\delta} \cos n\omega t \right] \qquad (3.25)$$

Die Amplituden der Spektrallinien folgen einer Funktion der Form

$$Y = \frac{\sin x}{x} \qquad (3.26)$$

Den Verlauf dieser Funktion zeigt Bild 3.14

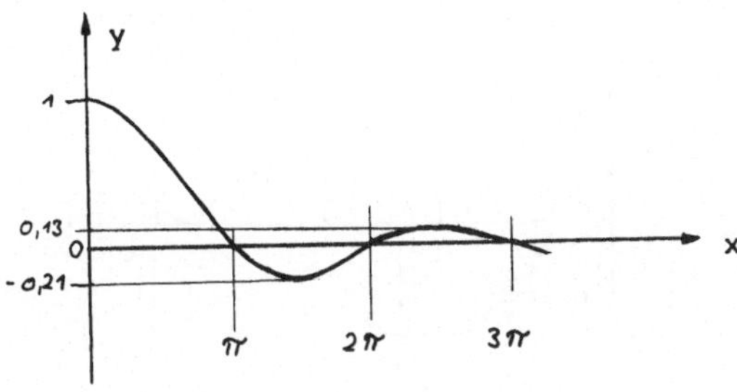

Bild 3.14

Verlauf der Funktion

$$Y = \frac{\sin x}{x}$$

Mit Gl. (3.25) sind wir in der Lage, das Spektrum für die Impulsreihe zu zeichnen. Die Amplituden der Spektrallinien sind

$$\hat{u}_n = \sqrt{a_n^2 + b_n^2} = a_n$$

weil die Koeffizienten b_n verschwinden. Das Tastverhältnis ist nach Bild 3.13 etwa $\delta = 0,133$. Die Einhüllende der Spektrallinien hat den in Bild 3.14 gezeigten Verlauf; die Nullstellen der Einhüllenden liegen bei $n_o = n/\delta$, es folgt also

$$n_{o1} = \frac{1}{\delta} = 7,5 \; ; \quad n_{o2} = \frac{2}{\delta} = 15 \text{ usw.}$$

Bild 3.15 zeigt das Spektrum der Impulsreihe. Wendet man zur Bestimmung der Bandbreite die 10 %-Regel an, so ergibt sich die Bandbreite

$$\Delta\omega = 2\pi\Delta f = 2\pi f_o - 2\pi f_u = 2\pi f_o - 0 = 20\omega$$

Im Falle eines Spektrums, wie es hier vorliegt, bezeichnet man als Bandbreite häufig nur den Bereich bis zum ersten Nulldurchgang der Einhüllenden. Auf diese Weise kommt man zu der Bandbreite

$$B' = \frac{\omega}{2\pi\delta} = \frac{f}{\delta} \qquad (3.27)$$

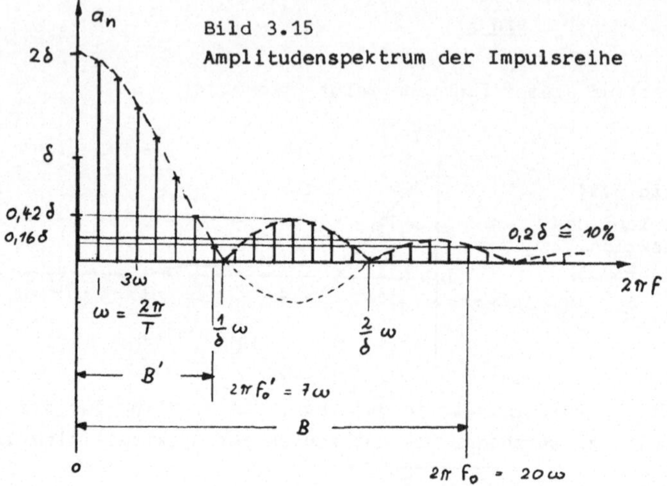

Gl. (3.27) besagt, daß die Bandbreite mit fallendem Tastverhältnis größer wird. Dies deutet auf eine allgemeine Beziehung
zwischen Bandbreite und Zeit hin, die in Gl. (3.35) und
(5.147) angegeben wird. Danach ist das Produkt aus Bandbreite
und Zeit konstant.

Die F o u r i e r-Reihen einiger häufig vorkommender Funktionen u(t) sind in Tafel 3.16 zusammengestellt.

Tafel 3.16   Technisch bedeutsame F o u r i e r-Reihen

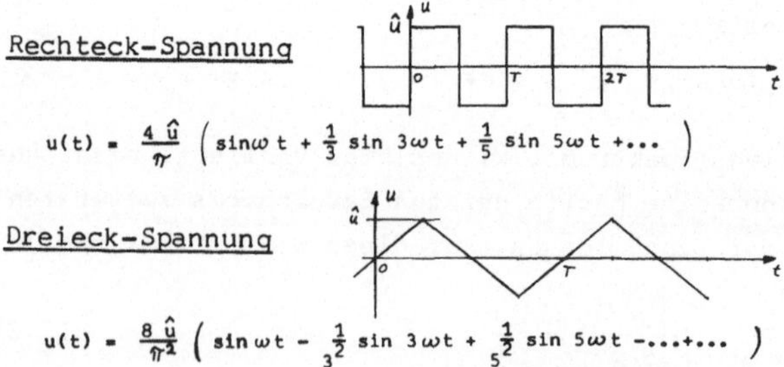

<u>Rechteck-Spannung</u>

$$u(t) = \frac{4\,\hat{u}}{\pi}\left(\sin\omega t + \frac{1}{3}\sin 3\omega t + \frac{1}{5}\sin 5\omega t + \dots\right)$$

<u>Dreieck-Spannung</u>

$$u(t) = \frac{8\,\hat{u}}{\pi^2}\left(\sin\omega t - \frac{1}{3^2}\sin 3\omega t + \frac{1}{5^2}\sin 5\omega t - \dots + \dots\right)$$

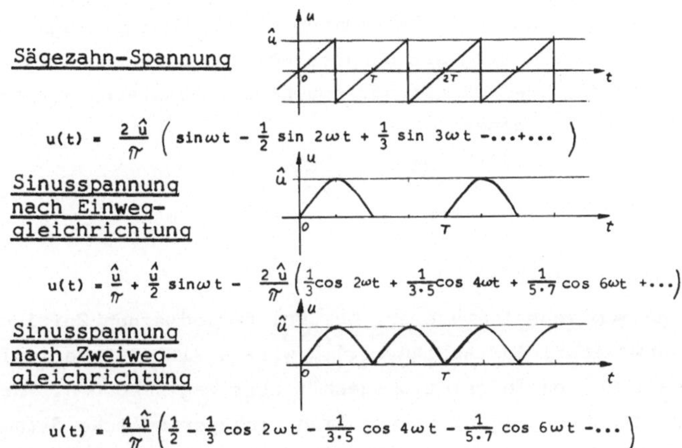

Sägezahn-Spannung

$$u(t) = \frac{2\,\hat{u}}{\pi}\left(\sin\omega t - \frac{1}{2}\sin 2\omega t + \frac{1}{3}\sin 3\omega t -\ldots+\ldots\right)$$

Sinusspannung nach Einweg-gleichrichtung

$$u(t) = \frac{\hat{u}}{\pi} + \frac{\hat{u}}{2}\sin\omega t - \frac{2\,\hat{u}}{\pi}\left(\frac{1}{3}\cos 2\omega t + \frac{1}{3\cdot 5}\cos 4\omega t + \frac{1}{5\cdot 7}\cos 6\omega t +\ldots\right)$$

Sinusspannung nach Zweiweg-gleichrichtung

$$u(t) = \frac{4\,\hat{u}}{\pi}\left(\frac{1}{2} - \frac{1}{3}\cos 2\omega t - \frac{1}{3\cdot 5}\cos 4\omega t - \frac{1}{5\cdot 7}\cos 6\omega t -\ldots\right)$$

Beispiel 3.1

Es soll das Spektrum einer Sägezahnspannung der Kreisfrequenz ω und der Amplitude $\hat{u}$ = 2 V gezeichnet und daraus die Bandbreite bestimmt werden.

Aus Tafel 3.16 entnehmen wir, daß kein Gleichanteil vorhanden ist. Die größte Amplitude hat die Grundschwingung der Kreisfrequenz ω mit b_1 = 2 $\hat{u}/\pi$ = 1,27 V. Die Amplituden der Teilschwingungen höherer Ordnung ergeben sich daraus durch Multiplikation mit 1/2, 1/3, 1/4 usw. zu b_2 = 0,64 V, b_3 = 0,42 V usw. Mit diesen Werten läßt sich das Amplitudenspektrum Bild 3.17 zeichnen.

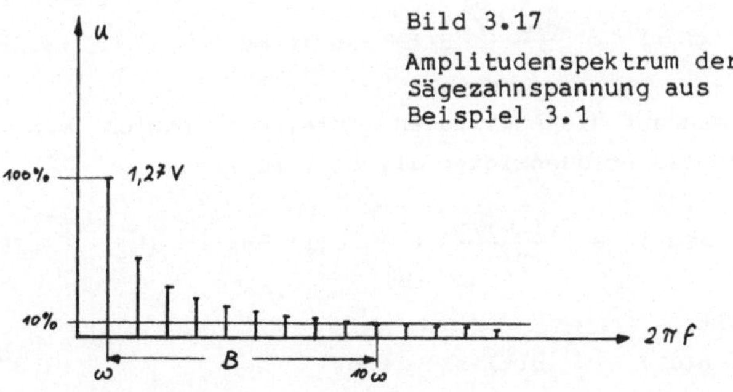

Bild 3.17

Amplitudenspektrum der Sägezahnspannung aus Beispiel 3.1

Wenn man zur Bandbreitebestimmung die 10 %-Regel zugrunde legt, so ergibt sich als höchste noch zu berücksichtigende Frequenz die 10-fache Grundfrequenz der Sägezahnspannung. Die Bandbreite ist daher

$$B = \frac{10\omega - \omega}{2\pi} = \frac{9\omega}{2\pi} = 9f$$

3.3.3 Spektralfunktion

Die harmonische Analyse ist nur bei periodischen Zeitfunktionen anwendbar. Aus Abschn. 3.1.1 wissen wir, daß periodische Signale keinen Informationsgehalt übertragen können. Zur Informationsübertragung braucht man nichtperiodische Signale. Eine nichtperiodische Zeitfunktion kann man als Grenzfall einer periodischen auffassen, wenn man $T \to \infty$ gehen läßt. Die Spektrallinien des Linienspektrums, die ja jeweils den Abstand ω voneinander haben, rücken dann wegen $\omega \to 0$ beliebig dicht zusammen. Es entsteht auf diese Weise das kontinuierliche Spektrum.

Die Folgen der Koeffizienten der F o u r i e r-Reihe a_n und b_n werden somit zu kontinuierlichen Funktionen der Frequenz $a(\omega)$ und $b(\omega)$. Bezeichnet man die Kreisfrequenz ω in Gl. (3.14) mit ω_0, so geht für $T \to \infty$ $\omega_0 \to 0$, die Frequenzsprünge $n\omega_0$ werden zur variablen Kreisfrequenz ω und der Faktor $2/T = \omega_0/\pi$ wird sehr klein: $d\omega/\pi$. Damit wird Gl.(3.14) zu

$$a(\omega) = \frac{d\omega}{\pi} \int_{-\infty}^{\infty} u(t) \cos\omega t \, dt \qquad (3.28)$$

Normiert man auf die Amplitudendichte, d.h. bezieht man Gl. (3.28) auf das Frequenzintervall $d\omega$, so wird

$$A(\omega) = \frac{a(\omega)\pi}{d\omega} = \int_{-\infty}^{\infty} u(t) \cos\omega t \, dt \qquad (3.29)$$

Analog gilt

$$B(\omega) = \int_{-\infty}^{\infty} u(t) \sin\omega t \, dt \qquad (3.30)$$

Die Funktionen $A(\omega)$ und $B(\omega)$ heißen Spektralfunktionen. Sie geben das kontinuierliche Spektrum an. Ähnlich wie bei der harmonischen Analyse ist für gerade Zeitfunktionen $B(\omega) = 0$ und für ungerade Zeitfunktionen $A(\omega) = 0$.

Es soll nun die Spektralfunktion einer geschalteten Kosinusspannung mit der Einschaltzeit t_o nach Bild 3.18 ermittelt werden.

Bild 3.18

Geschaltete
Kosinusspannung

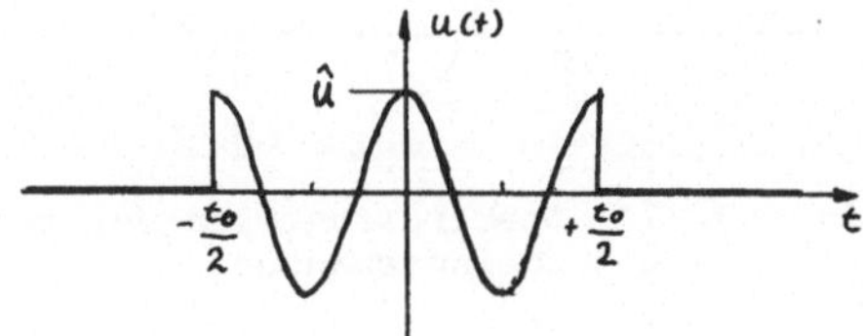

Es gilt folgende Funktionstabelle:

$$u(t) \;=\; \begin{cases} 0 & \text{für } t < -t_o/2 \\ \hat{u}\,\cos\Omega t & \text{für } |t| \leqslant t_o/2 \\ 0 & \text{für } t > t_o/2 \end{cases} \qquad (3.31)$$

$u(t)$ ist eine gerade Funktion, d.h. $B(\omega) = 0$. Wir brauchen daher nur $A(\omega)$ zu betrachten. Nach Gl. (3.29) ist

$$\begin{aligned} A(\omega) \;&=\; \int_{-\infty}^{\infty} u(t)\,\cos\omega t \; dt \;= \\ &=\; \hat{u} \int_{-t_o/2}^{t_o/2} \cos\omega t \,\cos\Omega t \; dt \qquad (3.32) \end{aligned}$$

Für die Lösung eines Integrals dieser Form gilt

$$\int \cos at \,\cos bt \; dt \;=\; \frac{\sin(a-b)t}{2(a-b)} + \frac{\sin(a+b)}{2(a+b)}$$

Damit wird aus Gl.(3.32)

$$\begin{aligned} A(\omega) \;&=\; 2\hat{u} \int_{0}^{t_o/2} \cos\omega t \,\cos\Omega t \; dt \;= \\[4pt] &=\; \frac{\hat{u}t_o}{2}\left[\frac{\sin(\omega-\Omega)t_o/2}{(\omega-\Omega)t_o/2} + \frac{\sin(\omega+\Omega)t_o/2}{(\omega+\Omega)t_o/2} \right] \end{aligned}$$

$$(3.33)$$

Die grafische Darstellung (Bild 3.19) gewinnt man unter Verwendung der Funktion Gl. (3.26). Aus dem Bild läßt sich für

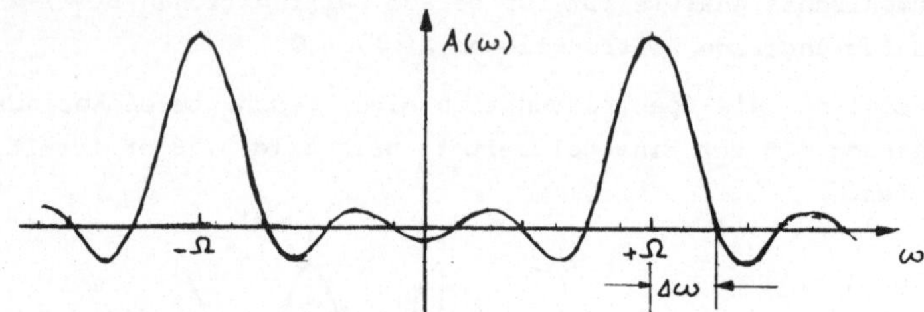

Bild 3.19   Spektralfunktion der geschalteten Kosinusspannung

die wesentlichen Spektralanteile (bis zum ersten Nulldurchgang der Funktion y = (sin x)/x unter Benutzung der Tatsache, daß dieser Nulldurchgang bei π liegt) folgende Beziehung ablesen

$$(\omega - \Omega)\,\frac{t_o}{2} = \Delta\omega\,\frac{t_o}{2} = \pi$$

oder

$$\Delta\omega = \frac{2\pi}{t_o} \quad ; \quad \frac{\Delta\omega}{2\pi} = \Delta f = \frac{1}{t_o} = B \qquad (3.34)$$

Für eine Einschaltzeit t_o = 10ms ergibt sich beispielsweise eine Bandbreite B = 100 Hz. Gl. (3.34) läßt sich für beliebige Zeitfunktionen verallgemeinern. Sie erhält dann die Form

$$\Delta\omega\, t_o = \text{const.} \qquad (3.35)$$

und besagt, daß die wesentlichen Teile der Spektren immer breiter werden, je kürzer die Einschaltzeiten der Zeitfunktionen sind.

3.3.4 Bandbreitebestimmung gegebener Signale

Wir haben jetzt zwei Funktionen kennengelernt, die es gestatten, die Bandbreite analytisch gegebener Zeitfunktionen rechnerisch zu bestimmen, nämlich die F o u r i e r-Reihe und die Spektralfunktion. Liegt die Zeitfunktion des gegebenen Signales aber nicht in analytischer Form vor, so versagen die beschriebenen rechnerischen Verfahren. Ist das Signal periodisch oder aber wenigstens wiederholbar, so kann man das Spektrum ausmessen, indem man die Amplituden bei den verschiedenen Frequenzen mißt. Dies kann mit einem frequenzselektiven Voltmeter (Suchtonanalysator) oder aber etwas komfortabler mit einem Spektrumanalysator tun.

Bild 3.20 zeigt das Blockschaltbild eines Spektrumanalysators. Das unbekannte Signal u(t) wird in einem Meßverstärker verstärkt und dann einem Mischer (vgl. Abschn. 5.2.1) zugeführt, der die Differenzfrequenz zwischen Eingangsfrequenz und einer intern erzeugten Frequenz Ω bildet. Diese Differenzfrequenz wird auf ein sehr schmalbandiges Filter (s. Abschn. 5.5.2) gegeben, das möglichst nur eine Frequenz Ω_0 durchlassen soll. Hinter dem Filter kann also nur dann eine Spannung entstehen, wenn in u(t) eine Frequenz enthalten ist, für die gilt

$$\Omega - \omega_x = \Omega_0$$

Ändert man die Vergleichsfrequenz Ω, so kommen laufend andere Frequenzen ω_x in den Durchlaßbereich des Filters. Die jeweilige Spannung kann dann gemessen werden. Die Anzeige er-

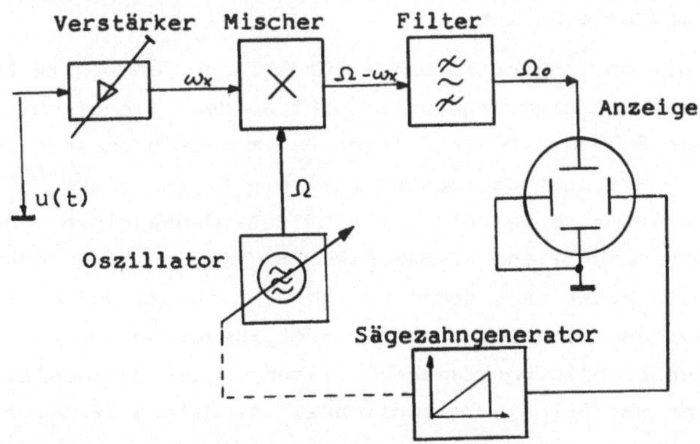

Bild 3.20

Blockschaltbild eines Spektrumanalysators

folgt häufig mit einer B r a u n-schen Röhre, wobei die vertikale Richtung der Spannung und die horizontale der Frequenz

entspricht. Die mit dem Spektrumanalysator gewonnenen Bilder
ähneln denen des Oszilloskops. Bild 3.21 zeigt zwei aufgenommene Spektren.

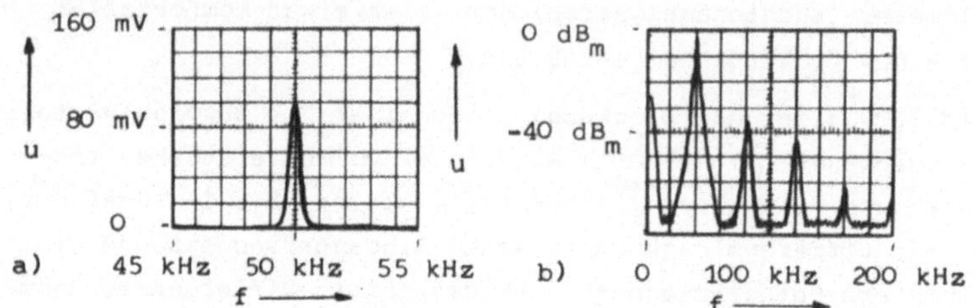

Bild 3.21   Mit Spektrumanalysator aufgenommene Spektren
             a) Spannung eines Oszillators
             b) Ausgangsspannung eines Leistungsverstär-
                kers mit harmonischer Verzerrung

Dem Zufallscharakter entsprechend schwanken Nachrichtensignale häufig sehr stark. In solchen Fällen ist auch das Ausmessen einzelner Spektren wenig hilfreich, weil sich die Spektren
laufend ändern. Aussagen über die erforderliche Bandbreite
kann man dann entweder durch statistische Berechnungen erzie-
len, wenn die Schwankungen statistisch erfaßbar sind, oder
durch Versuche erhalten.

Die für die Sprachübertragung erforderliche Bandbreite beispielsweise ist eingehend untersucht worden; sie reicht von
300 Hz bis 3400 Hz. Diese Grenzen hat man nach umfangreichen
Hör- und Übertragungsversuchen festgelegt. Für diese Versuche
wurden Logatome verwendet; das sind zusammenhanglose, möglichst ungebräuchliche Silben wie z.B. bel, zok, tef oder
schik. Dies macht man, damit der Hörer nicht in der Lage ist,
Silben aus dem Sinnzusammenhang zu ergänzen. Den prozentualen
Anteil der richtig verstandenen Silben an der Gesamtsilben-
zahl nennt man Silbenverständlichkeit S. Bild 3.22 zeigt die
Abhängigkeit der Silbenverständlichkeit von der unteren Grenzfrequenz f_u und der oberen Grenzfrequenz f_o. Die Silbenverständlichkeit $S(f_o)$ ist bei $f_u = 0$ und die Silbenverständlichkeit $S(f_u)$ bei sehr hoher Grenzfrequenz f_o aufgenommen worden.

Die gesamte Silbenverständlichkeit ergibt sich dann zu

$$S = S(f_o)\, S(f_u)\, 0{,}96 \qquad\qquad (3.36)$$

Die maximal mögliche Silbenverständlichkeit ist auf Grund von Störungen usw. auf 96 % beschränkt. Die gewählten Grenzen $f_u =$ 300 Hz und $f_o = 3400$ Hz sind in Bild 3.22 gestrichelt eingezeichnet. Die mit diesen Grenzen erreichbare Silbenverständlichkeit ist somit

$$S = 0{,}98 \cdot 0{,}95 \cdot 0{,}96 = 0{,}89$$

Es bedeuten Silbenverständlichkeiten   /3/

$$S > 75\ \%\quad \text{sehr gute}$$
$$S > 65\ \%\quad \text{ausreichende} \Big\}\ \text{Sprachverständlichkeit}$$
$$S < 60\ \%\quad \text{ungenügende}$$

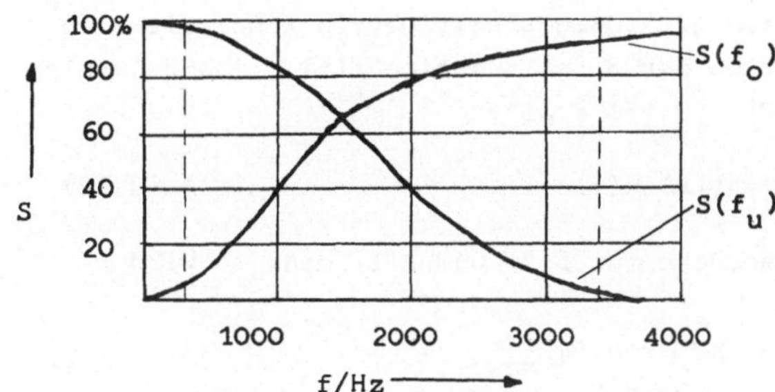

Bild 3.22

Silbenverständlichkeit in Abhängigkeit von unterer Grenzfrequenz f_u und oberer Grenzfrequenz f_o

3.4 Abtasttheorem

Das Abtasttheorem wurde bereits in Abschn. 2.2.3 kurz erwähnt. Es gibt Auskunft darüber, wie fein das Zeitraster bei der Zeitquantisierung eines Signals gewählt werden muß, oder, anders ausgedrückt, wie groß die Abtastfrequenz für ein gegebenes Signal sein muß. Die Aussage des Abtasttheorems ist:

Eine Signalfunktion $f(t)$, deren Spektrum auf die höchste Frequenz f_{max} begrenzt ist, wird vollständig durch die diskreten Werte $f(nT_p)$ beschrieben (n = ganze Zahl), wenn für die Abtastfrequenz f_p und die Peridendauer T_p gilt

$$f_p = 1/T_p \gtreqless 2\, f_{max} \qquad (3.37)$$

Bild 3.23 zeigt eine Signalfunktion f(t), der die diskreten
Werte $f(nT_p)$ entnommen werden. $f(t) = a \sin 2 f_{max} t$ stellt
die höchste im Nachrichtensignal enthaltene Frequenz dar. Aus

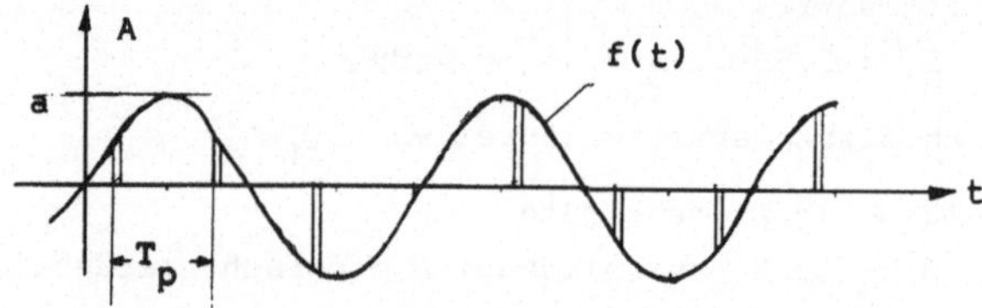

Bild 3.23   Abgetastete Signalfunktion

dem Bild sieht man, daß die Folge der diskreten Werte $f(nT_p)$
durch eine Funktion g(t) dargestellt werden kann, die sich
durch Multiplikation der Signalfunktion f(t) mit der Impulsreihe u(t) nach Gl. (3.25) ergibt.

$$g(t) = f(t)\, u(t) \qquad (3.38)$$

Setzt man die Ausdrücke für f(t) und u(t) ein, so wird

$$g(t) = a\delta \left(\sin 2\pi f_{max} t + 2 \sum_{n=1}^{\infty} \frac{\sin n\pi\delta}{n\pi\delta} \sin 2\pi f_{max} t \cdot \cos n \frac{2\pi}{T_p} t \right) \qquad (3.39)$$

Mit Hilfe des Additionstheorems $\sin\alpha \cos\beta = \frac{1}{2}\left[\sin(\alpha+\beta) + \sin(\alpha-\beta)\right]$ und durch Einsetzen der Abtastfrequenz f_{tast}
ergibt sich

$$g(t) = a\delta \left[\sin 2\pi f_{max} t + \sum_{n=1}^{\infty} \frac{\sin n\pi\delta}{n\pi\delta} \left(\sin 2\pi (nf_p + f_{max})t + \sin 2\pi(nf_p - f_{max})t \right) \right] \qquad (3.40)$$

Gl. (3.40) beschreibt das Spektrum der abgetasteten Funktion g(t), das in Bild 3.24 gezeigt ist. Das Spektrum enthält einen Anteil der Frequenz f_{max}, also das ursprüngliche Signal f(t). Weiterhin sind Frequenzanteile der Frequenzen

$nf_p \pm f_{max}$ vorhanden. Diese im ursprünglichen Signal f(t)

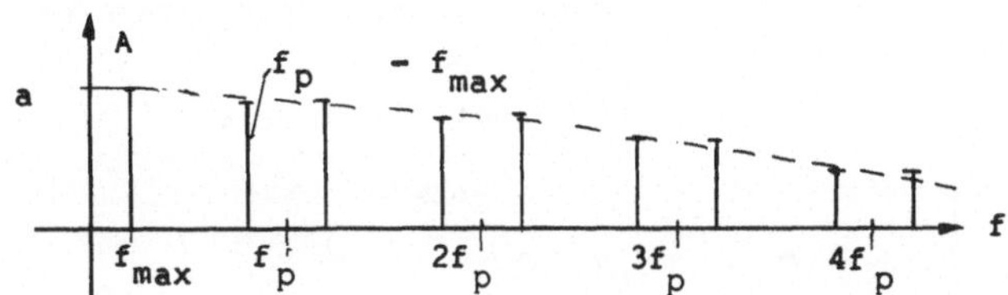

Bild 3.24   Spektrum der abgetasteten Signalfunktion

nicht enthaltenen Frequenzanteile lassen sich durch Tiefpaßfilter (s. Abschn. 5.2.2) so lange unterdrücken, wie

$1 \cdot f_p - f_{max}$ größer als f_{max} ist. Im Extremfall darf f_p = $2f_{max}$ sein; dann fällt die Spektrallinie $f_p - f_{max}$ mit der Spektrallinie f_{max} zusammen.

Wählt man aber f_p kleiner als $2 \cdot f_{max}$, so liegt die Spektrallinie $f_p - f_{max}$ unterhalb von f_{max}. Sie läßt sich dann nicht mehr aus dem Signal entfernen. Die Amplituden der Spektrallinien folgen wieder der Funktion Gl.(3.26)

<u>Beispiel 3.2</u>

Mit welcher Mindestfrequenz muß man eine Rechteckspannung der Frequenz 1 kHz abtasten?

Wir nehmen an, daß Frequenzanteile mit Amplituden von 10 % größten Amplitude noch berücksichtigt werden müssen (s. Abschn. 3.2.1). Mit Hilfe der Tafel 3.16 ergibt sich damit ein f_{max} von 9 kHz. Da die Abtastfrequenz nach Gl. (3.37) mindestens doppelt so groß sein muß, ergibt sich

$$f_p \geqq 18 \text{ kHz}$$

3.5 Zusammenhang Informationsgehalt - Bandbreite - Übertragunqszeit

Für den Informationsgehalt wurde die Einheit Bit gewählt. Ist der Informationsgehalt J, so müssen J Bit übertragen werden. Ein Bit ist ein binäres Element, das durch einen Impuls dargestellt werden kann. Die Übertragungstechnik verwendet, wie schon in Abschn. 3.1 erwähnt, gerne pseudoternäre Signale. Bild 3.25 zeigt ein solches Signal. Man könnte nun ein posi-

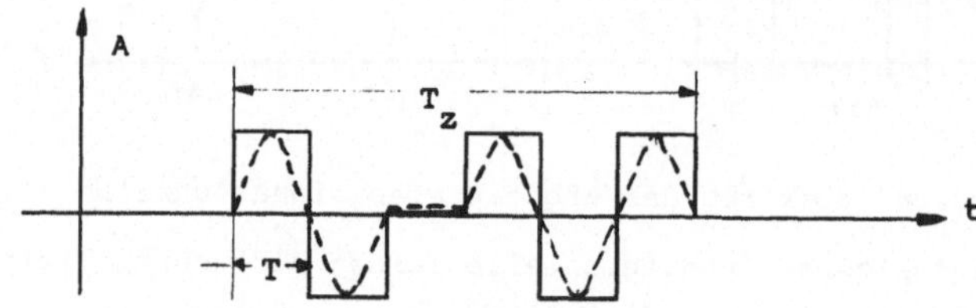

Bild 3.25   Pseudoternäres Signal und dessen Annäherung durch Halbschwingungen

ves Element durch eine positive, ein negatives Element durch eine negative Sinushalbschwingung und ein Nullelement durch die Spannung Null übertragen.

Für den Fall, daß alle Elemente 1-Elemente sind, sich also positive und negative Halbschwingungen abwechseln, ergibt sich mit der Übertragungszeit T_z aus Bild 3.25 und der Anzahl n der Elemente als obere Grenzfrequenz

$$f_o = \frac{1}{2T} = \frac{n}{2T_z} = \frac{J}{2T_z} \qquad (3.41)$$

Die Zahl n der Elemente ist gleich dem Informationsgehalt J. Die untere Grenzfrequenz f_u ergibt sich für den Fall, daß alle Elemente Null-Elemente sind.

$$f_u = 0$$

Die danach erforderliche Bandbreite wäre

$$B = f_o - f_u = \frac{J}{2T_z} - 0 = \frac{J}{2T_z} \qquad (3.42)$$

Tatsächlich ist eine größere Bandbreite erforderlich, weil die Halbschwingungen einer geschalteten Sinusspannung entsprechen und höhere Frequenzen enthalten. Die Bandbreite, die es ermöglicht, die drei Zustände +1, -1 und O einwandfrei zu erkennen, ist etwa 1,5 bis 2 mal größer, so daß sich die Näherung ergibt

$$B = \frac{J}{T_z} \tag{3.43}$$

Beispiel 3.3

Wie groß muß die Bandbreite des Übertragungskanals sein, wenn das Wort "Haus" in binär kodierter Form in einer Sekunde übertragen werden soll?

Der Informationsgehalt des Wortes "Haus" ist nach Gl.(2.3)

$$J = 4 \text{ lb } 27 \text{ Bit } = 19,02 \text{ Bit}$$

Die gewünschte Übertragungszeit T_z ist 1 s. Damit ergibt sich die erforderliche Bandbreite nach Gl.(3.43) zu

$$B = \frac{J}{T_z} = \frac{19,02 \text{ Bit}}{1 \text{ s}} = 19,02 \text{ Hz}$$

3.6 Echtzeitübertragung - Nichtechtzeitübertragung

In Abschn. 3.5 wird gezeigt, daß ein gegebener Informationsgehalt entweder in kurzer Zeit mit großer Übertragungsbandbreite oder mit kleiner Übertragungsbandbreite in großer Zeit übertragen werden kann. Für viele Nachrichten (insbesondere bei Datenübertragung) sind Übertragungszeit und -bandbreite in weiten Grenzen wählbar. Man kann diese Größen dann den jeweiligen Erfordernissen anpassen.

Es gibt jedoch Nachrichten, für die man diese Größen nicht frei wählen kann. Ein Telefongespräch beispielsweise muß, damit ein Gespräch mit Rede und Antwort entstehen kann, in der Zeit übertragen werden, in der gesprochen wird. In solchen Fällen spricht man von Echtzeitübertragung, in den übrigen Fällen von Nichtechtzeitübertragung.

Nach Beispiel 3.1 hat ein Sprachsignal von 1 s Dauer den Informationsgehalt 34 kBit. Um es als pseudoternär kodiertes
Signal in Echtzeit zu übertragen, braucht man nach Gl.(3.43)
die Bandbreite B = 34 kHz. Für eine Nichtechtzeitübertragung
kann man die Übertragungszeit beispielsweise halbieren. Dazu
kann man das Sprachsignal in einen Speicher (z.B. Tonbandge-
rät) geben, es für die Übertragung mit doppelter Geschwindigkeit auslesen und am Empfangsort wieder speichern. Liest man
den Empfangsspeicher mit halber Geschwindigkeit wieder aus,
so erhält man das Sprachsignal zurück. Die erforderliche Übertragungsbandbreite verdoppelt sich dabei auf

$$B = \frac{34000 \text{ Bit}}{0,5 \text{ s}} = 64 \text{ kHz}$$

4. Nachrichtenübertragung

4.1 Schema der Nachrichtenübertragung

Nachrichtenübertragungssysteme lassen sich immer auf ein
Grundschema zurückführen, das in Bild 4.1 gezeigt ist. Ein-
zelne der gezeigten Funktionsblöcke können gegebenenfalls
fehlen; so entfallen z.B. die Multiplex- und Demultiplexein-
richtung bei einer Verbindung zwischen zwei Stationen. Die

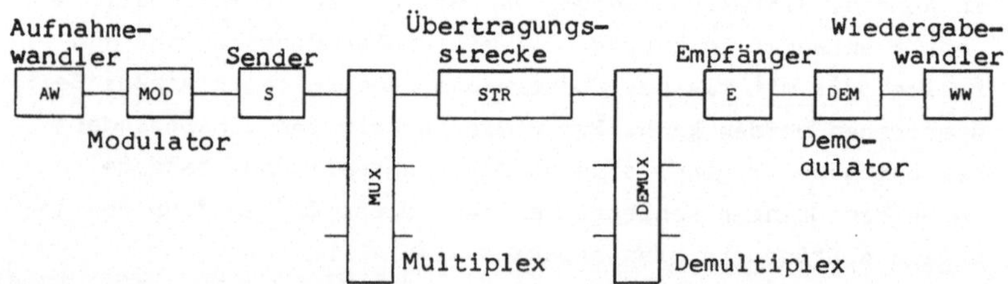

Bild 4.1 Schema der Nachrichtenübertragung

Funktionsblöcke haben folgende Aufgaben:

Der Aufnahmewandler überführt die zunächst in beliebiger Form
vorliegende Nachricht in ein elektrisches Signal. Aufnahme-

wandler sind Geräte wie Fernsehkamera, Tastatur für Dateneingabe, Mikrofon oder Koordinatenaufnehmer.

Der <u>Modulator</u> oder <u>Kodierer</u> formt das elektrische Signal in eine für die Übertragung besonders geeignete Form um, beispielsweise in ein frequenzmoduliertes Signal oder einen Impulskode.

Der <u>Sender</u> stellt die Übertragungsleistung zur Verfügung und nimmt die Anpassung an die Übertragungsstrecke vor.

Die <u>Übertragungsstrecke</u> besorgt die Verbindung zwischen Sende- und Empfangsstation und überbrückt im allgemeinen größere Entfernungen. Sie kann eine Leitung, eine Funkverbindung oder eine optische Verbindung sein.

<u>Multiplex-</u> und <u>Demultiplexeinrichtung</u> stellen die gewünschte Verbindung zwischen zwei oder mehreren Stationen her. Beispiele hierfür sind die Telefonverbindung durch Ziffernwahl oder die Senderauswahl am Rundfunkgerät durch Frequenzeinstellung.

Der <u>Empfänger</u> nimmt das übertragene Signal wieder auf. In der Regel ist dabei eine Verstärkung erforderlich. Häufig ist die Amplitude des empfangenen Signals so klein, daß man Rauschstörungen besonders beachten muß.

Der <u>Demodulator</u> oder <u>Dekodierer</u> setzt das empfangene Signal wieder in die elektrische Originalform um.

Der <u>Wiedergabewandler</u> schließlich überführt das elektrische Signal wieder in die ursprüngliche Form der Nachricht, also beispielsweise in Sprache, Bilder oder Daten.

4.2 Pegelplan

Im Verlauf einer Nachrichtenübertragungseinrichtung kann die Leistung bzw. die Strom- oder Spannungsamplitude des Signals sehr unterschiedliche Werte annehmen. Funksender großer Leistung liefern Spannungen von etlichen kV, während die von einer Empfangsantenne gelieferte Spannung häufig nur einige µV beträgt. Bild 4.2 zeigt die Verhältnisse. Es sind dort beispielshaft Spannungen eingetragen, die an verschiedenen Stellen der Nachrichtenübertragungseinrichtung vorliegen.

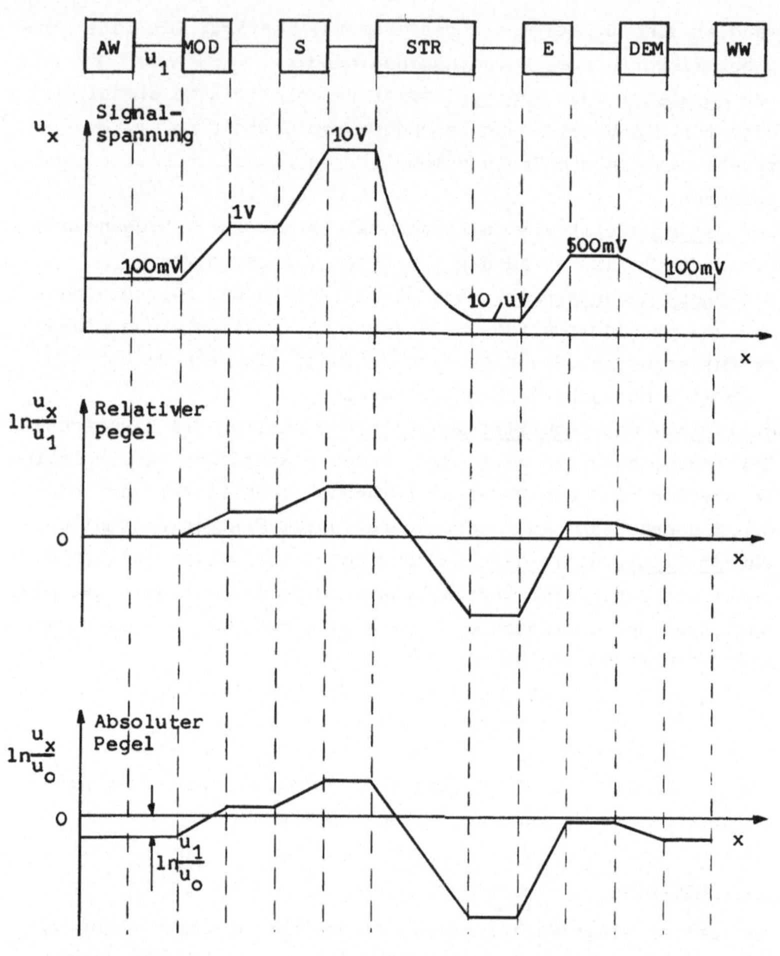

Bild 4.2

Relativer und absoluter Pegel (Bezeichnungen nach Bild 4.1)

Wenn man ein Übertragungssystem plant, muß man diese Spannungen festlegen. Für die Größe der jeweiligen Spannungen, Ströme und Leistungen hat man den Begriff Pegel gewählt, eine Analogie zum Flüssigkeitspegel. Wegen der vielen möglichen Größenordnungen ist es zweckmäßig, ein logarithmisches Pegelmaß zu benutzen. In linearer Darstellung, wie im oberen Diagramm in Bild 4.2, läßt sich der Pegelplan nicht maßstabsgerecht zeichnen. Es haben sich zwei Pegelmaße eingebürgert: das Neper, dem der natürliche Logarithmus zugrunde liegt, und das Dezibel, das mit dem dekadischen Logarithmus definiert ist.

4.2.1 Relativer Pegel

Da der Logarithmus von einer dimensionsfreien Zahl zu bilden ist, teilt man die im Pegelmaß anzugebende Spannung durch eine Bezugsspannung. Wählt man als Bezugsspannung eine willkürlich festgelegte Spannung u_1, so erhält man den relativen Spannungspegel. Sinngemäß gilt dies auch für Ströme und Leistungen, daher gibt es Strom-, Spannungs- und Leistungspegel. Diese Pegel sind folgendermaßen definiert:

$$
\left.
\begin{aligned}
\text{Relativer Spannungspegel} \quad & p_{sr} = \ln \frac{u_x}{u_1} \quad \text{N (Neper)} \\
\text{"} \qquad \text{Strompegel} \quad & p_{ir} = \ln \frac{i_x}{i_1} \quad \text{N} \\
\text{"} \qquad \text{Leistungspegel} \quad & p_r = \frac{1}{2} \ln \frac{p_x}{p_1} \quad \text{N}
\end{aligned}
\right\} \quad (4.1)
$$

Der Leistungspegel, meist nur Pegel genannt, erhält den Faktor $\frac{1}{2}$, weil

$$
\ln \frac{p_x}{p_1} = \ln \frac{u_x^2}{u_1^2} = \ln \frac{i_x^2}{i_1^2} = 2 \ln \frac{u_x}{u_1} = 2 \ln \frac{i_x}{i_1} \quad (4.2)
$$

Die Definition für das Dezibel ist entsprechend:

$$
\left.
\begin{aligned}
\text{Relativer Spannungspegel} \quad & p_{sr} = 20 \lg \frac{u_x}{u_1} \quad \text{dB (Dezibel)} \\
\text{"} \qquad \text{Strompegel} \quad & p_{ir} = 20 \lg \frac{i_x}{i_1} \quad \text{dB} \\
\text{"} \qquad \text{Pegel} \quad & p_r = 10 \lg \frac{p_x}{p_1} \quad \text{dB}
\end{aligned}
\right\} \quad (4.3)
$$

Zwischen Leistungspegel und Spannungs- bzw. Strompegel steht auch hier der Faktor 2. Beide Pegelmaße lassen sich ineinander umrechnen:

$$1\ N = 20\ \lg e\ \text{dB} = 8{,}686\ \text{dB} \tag{4.4}$$

Das Neper ist hauptsächlich in der leitungsgebundenen Fernmeldetechnik gebräuchlich, während sich das Dezibel in den
anderen Bereichen durchgesetzt hat. Da es ein Verhältnismaß
ist, werden häufig auch Verstärkungen und Dämpfungen in dB
angegeben. Es entsprechen die dB-Werte folgenden Faktoren:

	Spannungen bzw. Ströme		Leistungen
1 dB	1,122		1,256
3 dB	1,412	2	2
6 dB	2		4
10 dB	3,162		10
20 dB	10		100

4.2.2 Absoluter Pegel

Wählt man als Bezugsgröße nicht einen beliebigen Wert, sondern eine genormte Größe, so erhält man den absoluten Pegel.
Man hat eine Bezugsleistung P_o von 1 mW festgelegt, die an
einem Widerstand $R_o = 600\ \Omega$ entsteht. Daraus ergeben sich folgende genormte Bezugsgrößen:

$$P_o = 1\ \text{mW}\ ;\quad U_o = 0{,}775\ \text{V}\ ;\quad I_o = 1{,}29\ \text{mA} \tag{4.5}$$

An die Stelle einer Angabe der Amplitude in V, mA oder mW
kann daher eine Angabe des Pegels treten. Relativer und absoluter Pegel unterscheiden sich, wie in Bild 4.2 im unteren
Diagramm gezeigt, durch eine Konstante, die auf folgende Weise von der relativen Bezugsgröße abhängt:

$$\ln \frac{U_x}{U_o} = \ln \frac{U_x}{U_1}\frac{U_1}{U_o} = \ln \frac{U_x}{U_1} + \ln \frac{U_1}{U_o} \tag{4.6}$$

Für das Dezibel sind als absolute Bezugsgrößen (leider) auch
noch andere als in Gl.(4.5) festgelegte Werte gebräuchlich.
Sie werden durch einen Zusatz zum Zeichen dB gekennzeichnet,
wobei das Zeichen dB_m zwei Bedeutungen erhält:

$$0 \ dB_m \quad \text{entspricht} \quad 1 \ mW \ an \ 600 \ \Omega$$
$$0 \ dB_V \quad \quad " \quad \quad 1 \ V \ (\text{nur für Spannungen})$$
$$0 \ dB_{\mu V} \quad \quad " \quad \quad 1 \ \mu V \ (\text{dito, Antennenmeßtechnik})$$
$$0 \ dB_m \quad \quad " \quad \quad 1 \ mW \ an \ 50 \ \Omega$$

Beispiel 4.1

Bild 4.3 zeigt das Blockschaltbild eines Rundfunkempfängers.
Die Spannungen betragen jeweils $U_1 = 20 \ \mu V$, $U_2 = 200 \ mV$,
$U_3 = 20 \ mV$ und $U_4 = 20 \ V$. Wie groß sind die relativen und absoluten Pegel an den Punkten 1 bis 4?

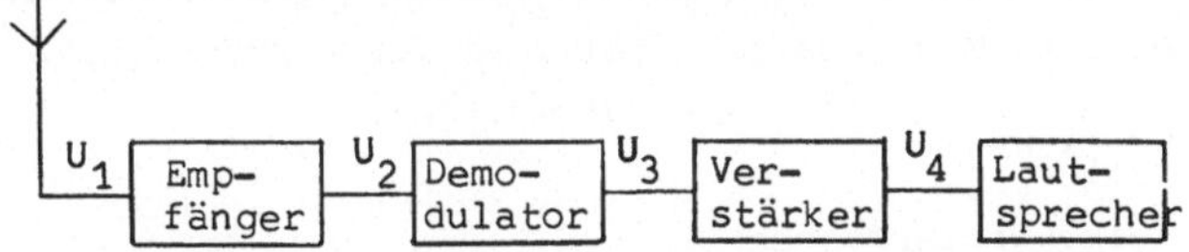

Bild 4.3   Blockschaltbild eines Rundfunkempfängers

Die relativen Pegel sind nach Gl.(4.3) mit u_1 als Bezugsspannung

$$P_{sr1} = 20 \ lg \frac{U_1}{U_1} = 0 \ dB \ ; \quad P_{sr2} = 20 \ lg \frac{U_2}{U_1} = 80 \ dB$$

$$P_{sr3} = 20 \ lg \frac{U_3}{U_1} = 60 \ dB \ ; \quad P_{sr4} = 20 \ lg \frac{U_4}{U_1} = 120 \ dB$$

Der absolute Pegel an der Stelle 1 ergibt sich zu

$$P_{s1} = 20 \ lg \frac{U_1}{U_o} = 20 \ lg \frac{20 \ \mu V}{0,775 \ V} = -91,8 \ dB_m$$

Die weiteren absoluten Pegel ergeben sich durch Addition der
Pegelmaße der einzelnen Baugruppen, d.h. der Differenz der
Pegel vor und hinter der jeweiligen Baugruppe. Für den Empfänger E sind das 80 dB, den Demodulator DEM −20 dB und den Verstärker VERST. 60 dB. Damit sind die absoluten Pegel

$$P_{s2} = P_{s1} + 80 \ dB = -11,81 \ dB_m$$

$$P_{s3} = P_{s2} - 20 \ dB = -31,8 \ dB_m$$

$$P_{s4} = P_{s3} + 60 \ dB = +28,2 \ dB_m$$

Die Addition der Pegelmaße ist häufig einfacher als das Rech-
nen mit Verstärkungenin linearer Darstellung. Dazu muß man die
Verstärkungen (s.Gl.(5.136)) miteinander multiplizieren. Die
Spannung an der Stelle 3 ist beispielsweise $U_3 = U_1 v_1 v_2 =$
$U_1 (U_2/U_1)(U_3/U_2)$

4.3 Verzerrungen

Das Ziel der Nachrichtentechnik ist eine originalgetreue und
ungestörte Übertragung. Die Abweichung von der Originalform,
die das Nachrichtensignal bei der Übertragung erleidet, nennt
man Verzerrung. Man unterscheidet zwei Verzerrungsarten, die
linearen und die nichtlinearen Verzerrungen.

4.3.1 Lineare Verzerrungen

Lineare Verzerrungen verändern die Amplitudenverhältnisse
oder die Phasenbeziehungen, ausgedrückt in Laufzeiten, zwischen den verschiedenen Frequenzanteilen des Signals. Dement-
sprechend unterscheidet man hier Amplituden- und Laufzeitver-
zerrungen.

4.3.1.1 Amplitudenverzerrungen (Dämpfungsverzerrungen)

Eine verzerrungsfreie Übertragung setzt voraus, daß die Amplitudenverhältnisse der Teilschwingungen konstant bleiben.
Verstärkungen bzw. Dämpfungen müssen also für alle Teilschwingungen die gleichen sein. Übertragungsnetzwerke haben aber
nach Abschn. 3.2.2 eine endliche Bandbreite, d.h. die Verstärkung nimmt oberhalb der oberen und unterhalb der unteren
Grenzfrequenz ab. Teilschwingungen, die in diesen Bereichen
liegen, werden mit verringerter Amplitude übertragen. Bild
4.4 zeigt den Frequenzgang der Verstärkung v eines Netztwer-
kes. Die eingezeichneten Punkte f_o und $3f_o$ kennzeichnen die
Frequenzen von Grund- und Oberschwingung eines als Beispiel
angenommenen Rechtecksignals nach Bild 4.5 a . Aus Bild 4.4
folgt, daß die Oberschwingung nur mit halber Amplitude übertragen wird. Die empfangene Gesamtspannung ergibt sich als

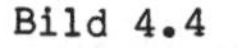

Bild 4.4

Bandbreite eines
Netzwerkes und Lage
der Grundschwingung
f_o und der 1. Ober-
schwingung $3f_o$ einer
Rechteckschwingung

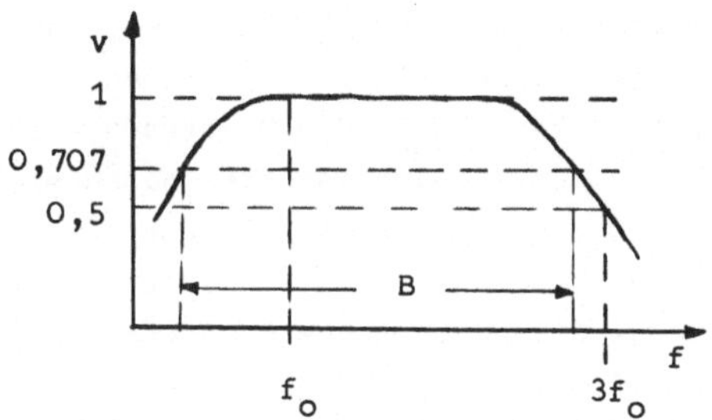

Summe aus den empfangenen Teilschwingungen nach Bild 4.5 b ,
dort als Resultierende bezeichnet. Sie weicht von der ursprünglichen Resultierenden nach Bild 4.5 a ab, ist also verzerrt.

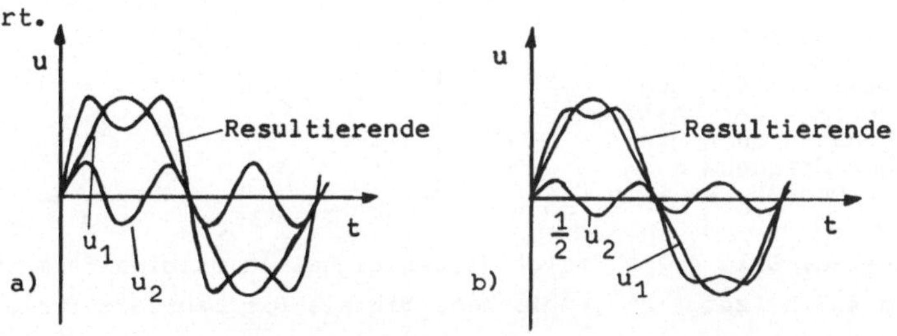

Bild 4.5   Amplitudenverzerrung am Beispiel einer aus
           Grundschwingung und 1. Oberschwingung an-
           genäherten Rechteckschwingung (s. auch Bild 4.4,
           Punkte f_o und $3f_o$). Es bedeuten u_1 Grund- und
           u_2 1. Oberschwingung.
           a) verzerrungsfrei b) verzerrt

Die Klangeinsteller für Höhen und Tiefen an Wiedergabeverstär-
kern für Tonfrequenzen ermöglichen den Ausgleich solcher Am-
plitudenverzerrungen. Häufig werden sie aber so eingestellt,
daß sich eine dem individuellen Geschmack entsprechende will-
kürliche Verzerrung ergibt, beispielsweise durch übermäßiges
Anheben der Bässe.

4.3.1.2 Laufzeitverzerrungen (Phasenverzerrungen)

Die Laufzeit des Signals durch ein Übertragungssystem ist im
kürzesten Fall gleich dem Quotienten aus der Länge der Über-

tragungsstrecke und der Lichtgeschwindigkeit. Im allgemeinen
ist die Ausbreitungsgeschwindigkeit kleiner als die Lichtgeschwindigkeit, wenn die Übertragung durch Leitungen erfolgt
(Gl.(5.106)). Danach ist die Phasengeschwindigkeit $v_p = \omega / \beta$,
worin β die Phasenkonstante (Gl. (5.74)) ist. Wenn alle Teilschwingungen des Signals die gleiche Laufzeit haben sollen,
muß die Phasenkonstante proportional zur Kreisfrequenz sein.
Diese Proportionalität ist meist nur für begrenzte Frequenzbereiche gegeben. Bild 4.6 zeigt einen beispielshaften Verlauf, in den wieder die Punkte f_o und $3f_o$ für Grund- und
Oberschwingung eines angenäherten Rechtecksignals eingezeich-

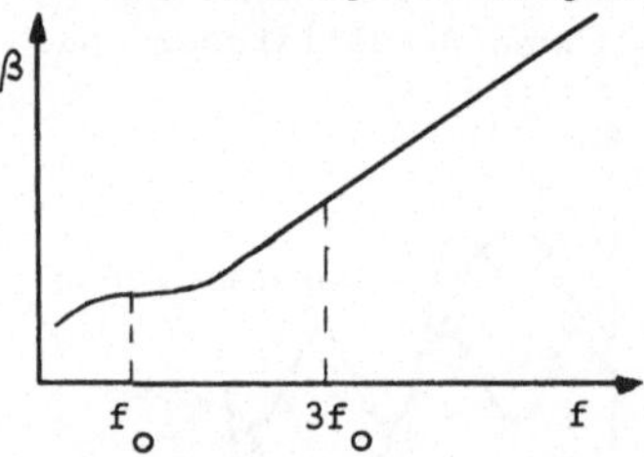

Bild 4.6

Beispiel für den
Verlauf der Phasen-
konstanten β über
der Frequenz f
f_o und $3f_o$ s. Bild 4.4

net sind. Bild 4.7 a zeigt dieses Signal in Originalform und
Bild 4.7 b zeigt das empfangene Signal. Die Laufzeit für die
Grundschwingung u_1 ist um den Laufzeitunterschied Δt größer
als die für die Oberschwingung u_2. Die Resultierende erscheint
als ganzes verzögert und mit veränderter Kurvenform, sie ist
verzerrt.

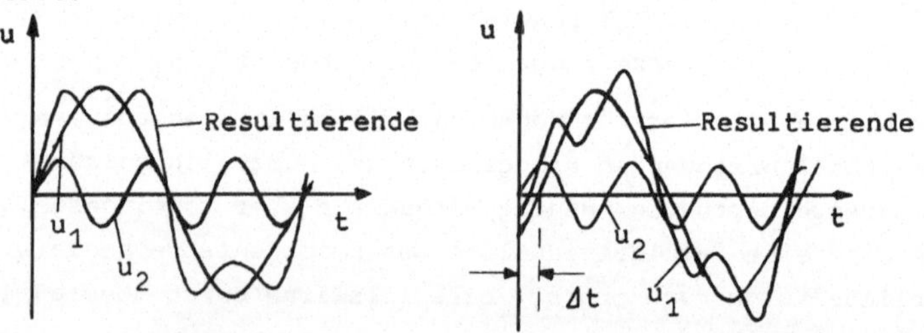

Bild 4.7 Laufzeitverzerrung am Beispiel einer aus
         Grund- und 1. Oberschwingung angenäherten
         Rechteckschwingung.
         a) verzerrungsfrei b) verzerrt durch Laufzeit-
         unterschied Δt

Ein übertragenes Sprachsignal beispielsweise erhielte auf diese Weise einen zwitschernden Klang. Der Vokal "u" klänge wie "iu".

4.3.2 Nichtlineare Verzerrungen

Bei den linearen Verzerrungen blieben die im Signal enthaltenen Frequenzen unverändert; die Verzerrungen wurden durch Änderung der Amplituden oder Phasen der Teilschwingungen hervorgerufen. Bei den nichtlinearen Verzerrungen treten neue, im Originalsignal nicht enthaltene Frequenzen auf. Sie entstehen durch nichtlineare Übertragungskennlinien. Aktive Netzwerke, z.B. Verstärker, haben grundsätzlich nichtlineare Kennlinien. Aber auch die Bauelemente in passiven Netzwerken können Nichtlinearitäten aufweisen, die z.B. durch Eisensättigung in Spulen, Spannungsabhängigkeiten in Widerständen oder Polarisationserscheinungen in Kondensatoren hervorgerufen werden können. Nichtlineare Kennlinien lassen sich durch Potenzreihen mit den Koeffizienten a_n beschreiben.

$$u_a = a_1 u_e + a_2 u_e^2 + a_3 u_e^3 + a_4 u_e^4 + \ldots \tag{4.7}$$

Eine Eingangsspannung u_e bewirkt eine Ausgangsspannung u_a.

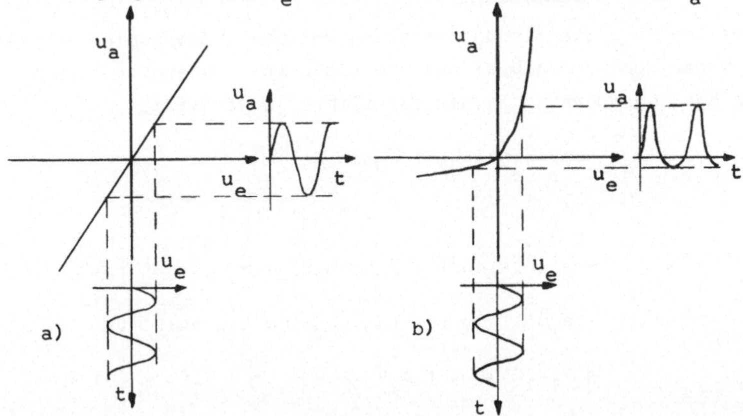

Bild 4.8   Übertragung durch a) lineare Kennlinie und
           b) nichtlineare Kennlinie

Die Form der Kennlinie ist durch die Größe der Koeffizienten a_i bestimmt. Im allgemeinen nehmen die a_i mit steigender Ordnung i ab. Daher darf man die Reihe oft schon früh abbrechen. Bild 4.8 zeigt die Übertragung an linearer und nichtlinearer Kennlinie. Eine sinusförmige Eingangsspannung u_e erzeugt im ersten Fall eine ebenfalls sinusförmige Ausgangsspannung u_a; im zweiten Fall ist die Ausgangsspannung deutlich verzerrt.

Eine lineare Kennlinie hat nur den Koeffizienten a_1. Eine sinusförmige Spannung $u_e = \hat{u}\,\sin\omega t$ erzeugt die Ausgangsspannung .

$$u_a = a_1 u_e = a_1 \hat{u}\,\sin\omega t \qquad\qquad (4.8)$$

Die gleiche Eingangsspannung erzeugt an der nichtlinearen Kennlinie die Ausgangsspannung

$$u_a = a_1\hat{u}\,\sin\omega t + a_2\hat{u}^2\sin^2\omega t + \ldots$$

$$\quad = a_1\hat{u}\,\sin\omega t + \frac{1}{2}a_2\hat{u}^2(1 - \cos 2\omega t) + \ldots \quad (4.9)$$

Das Auftreten höherer Potenzen bewirkt demnach einmal einen Gleichanteil und zum zweiten werden ganzzahlige Vielfache der Grundkreisfrequenz ω erzeugt. Das Maß für diese Frequenzvielfachen ist der <u>Klirrfaktor</u>.

Nimmt man an, die Eingangsspannung sei die Summe zweier sinusförmiger Spannungen $\hat{u}_1\sin\omega_1 t$ und $\hat{u}_2\sin\omega_2 t$, so ergibt sich als Ausgangsspannung an der nichtlinearen Kennlinie

$$u_a = a_1(\hat{u}_1\sin\omega_1 t + \hat{u}_2\sin\omega_2 t) +$$

$$+ a_2(\hat{u}_1\sin\omega_1 t + \hat{u}_2\sin\omega_2 t)^2 + \ldots$$

$$= a_1(\hat{u}_1\sin\omega_1 t + \hat{u}_2\sin\omega_2 t) + a_2\hat{u}_1^2\sin^2\omega_1 t +$$

$$+ a_2\hat{u}_2^2\sin^2\omega_2 t + 2a_2\hat{u}_1\hat{u}_2\sin\omega_1 t\,\sin\omega_2 t + \ldots$$

$$= a_1\hat{u}_1\sin\omega_1 t + a_1\hat{u}_2\sin\omega_2 t + \frac{1}{2}a_2\hat{u}_1^2(1 - \cos 2\omega_1 t) +$$

$$+ \frac{1}{2}a_2\hat{u}_2^2(1 - \cos 2\omega_2 t) +$$

$$+ a_2\hat{u}_1\hat{u}_2(\cos(\omega_1 - \omega_2)t - \cos(\omega_1 + \omega_2)t) + \ldots \quad (4.10)$$

In diesem Falle treten nicht nur ganzzahlige Vielfache der Grundkreisfrequenzen auf, sondern auch noch Summen- und Differenzfrequenzen. Das Maß dafür ist der <u>Intermodulationsfaktor.</u>

4.3.2.1 Klirrfaktor

Bezeichnet man mit U_1 den Effektivwert der Grundschwingung und mit U_2, U_3 usw. die Effektivwerte der durch die Nichtlinearität entstandenen Oberschwingungen, so ist der Gesamteffektivwert

$$U_{ges} = \sqrt{U_1^2 + U_2^2 + U_3^2 + \ldots} \qquad (4.11)$$

und der Effektivwert der Verzerrungsanteile

$$U_{verz} = \sqrt{U_2^2 + U_3^2 + U_4^2 + \ldots} \qquad (4.12)$$

Der Klirrfaktor k wird damit wie folgt definiert:

$$k = \frac{U_{verz}}{U_{ges}} = \sqrt{\frac{U_2^2 + U_3^2 + U_4^2 + \ldots}{U_1^2 + U_2^2 + U_3^2 + \ldots}}$$

$$= \sqrt{\frac{\sum_{i=2}^{\infty} U_i^2}{\sum_{i=1}^{\infty} U_i^2}} \qquad (4.13)$$

Für kleine Verzerrungen kann man an Stelle des Gesamteffektivwertes näherungsweise den Effektivwert der Grundschwingung einsetzen:

$$k' = \frac{\sqrt{\sum_{i=2}^{\infty} U_i^2}}{U_1} \qquad (4.14)$$

Für Klirranteile bestimmter Oberschwingungen definiert man <u>Teilklirrfaktoren</u>

$$k_2 \approx k_2' = \frac{U_2}{U_1} \quad ; \quad k_3 \approx k_3' = \frac{U_3}{U_1} \quad \text{usw.} \qquad (4.15)$$

Häufig gibt man den Klirrfaktor in Prozent an. Bisweilen wird auch die <u>Klirrdämpfung</u> angegeben

$$a_k = 20 \lg \frac{1}{k} \quad dB \qquad (4.16)$$

Beispiel 4.2

Man bestimme den Klirrfaktor einer Rechteckschwingung.

Den Oberschwingungsgehalt einer Rechteckschwingung erhält man aus Tafel 3.16.

$$u(t) = \frac{4\hat{u}}{\pi} \left(\sin \omega t + \frac{1}{3} \sin 3\omega t + \frac{1}{5} \sin 5\omega t + \dots \right)$$

Der Effektivwert der i-ten Oberschwingung ist

$$U_{ieff} = \frac{4\hat{u}}{\pi\sqrt{2}} \cdot \frac{1}{i}$$

In dem Quotienten unter der Wurzel in Gl. (4.13) zur Bestimmung des Klirrfaktors lassen sich die Anteile bis auf die Ausdrücke $(1/i)^2$ herauskürzen, so daß man erhält

$$k = \sqrt{\frac{(\frac{1}{3})^2 + (\frac{1}{5})^2 + \dots}{1 + (\frac{1}{3})^2 + (\frac{1}{5})^2 + \dots}}$$

Die Summe der unendlichen Reihe $1 + (\frac{1}{3})^2 + (\frac{1}{5})^2 + \dots$ ist $\pi^2/8$. Damit ist der Klirrfaktor

$$k = \sqrt{\frac{\frac{\pi^2}{8} - 1}{\frac{\pi^2}{8}}} = 0,4352 \; \hat{=} \; 43,52 \; \%$$

Zwei Werteangaben: Die Sprachverständlichkeit fällt bei Klirrfaktoren über 25 % ab; bei Musikübertragungen werden je nach Hörer etwa 2 % bis 5 % wahrgenommen.

4.3.2.2 Intermodulationsfaktor

Zur Bestimmung des Intermodulationsfaktors benutzt man zwei sinusförmige Spannungen der Frequenzen f_1 und f_2. Bei Messungen im Tonfrequenzbereich liegt f_2 zwischen 4 und 5 kHz

und f_1 unterhalb von 500 Hz, damit diese Frequenz und ihre
Harmonischen ausgefiltert werden können. Die Amplitude von U_1
soll vorzugsweise das vierfache der Amplitude von U_2 betragen.
Diese Meßbedingungen sind in DIN 45 403 festgelegt. Es ent-
stehen dann, wie in Abschn. 4.3.2 beschrieben, Summen- und
Differenzfrequenzen. Bild 4.9 zeigt das sich ergebende Spek-

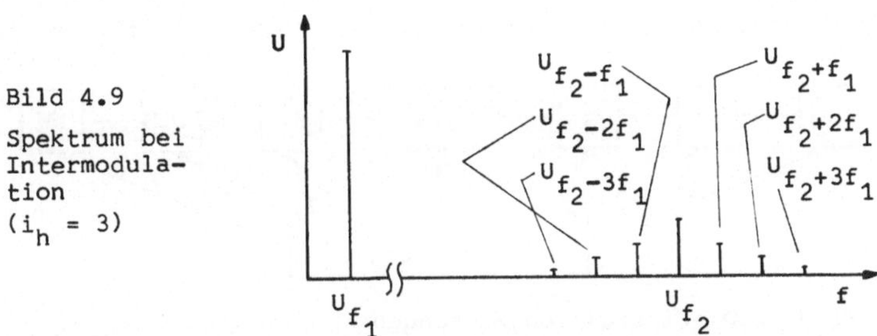

Bild 4.9

Spektrum bei
Intermodula-
tion
($i_h = 3$)

trum, wobei die harmonischen Frequenzen der Übersicht halber
fortgelassen sind. Mit den Größen aus Bild 4.9 ist der Intermodulationsfaktor folgendermaßen definiert:

$$m = \frac{\sqrt{\sum_{i=1}^{i_h} (U_{f_2 - if_1} + U_{f_2 + if_1})^2}}{U_{f_2}} \qquad (4.17)$$

Der Intermodulationsfaktor läßt sich wie der Klirrfaktor
durch Ausmessen des Spektrums, beispielsweise mit einem Spektrumanalysator, und Einsetzen der gemessenen Spannungswerte
in die jeweilige Definitionsgleichung ermitteln. Dies ist
insbesondere für den Intermodulationsfaktor ein aufwendiges
Verfahren, was wohl der Grund dafür ist, daß dieser Wert in
Gerätebeschreibungen wesentlich seltener als der Klirrfaktor
zu finden ist.

Die Intermodulation ist wegen des Auftretens unharmonischer
Frequenzen, die nicht ganzzahlige Vielfache der Grundfrequen-
zen sind, für das Ohr unangenehmer als das Klirren. Gelegent-
lich wird auch die Modulationsdämpfung angegeben

$$a_m = 20 \lg \frac{1}{m} \text{ dB} \qquad (4.18)$$

4.4 Störabstand

Bild 4.10 zeigt noch einmal das Grundschema einer Nachrichtenübertragungseinrichtung. In diesem Bild ist der Einfluß von Störungen angedeutet, wobei die Dicke der Pfeile ein Maß für die Auswirkung der Störungen ist. Störungen sind besonders unangenehm, wenn die Amplituden der Störspannungen in die Größenordnung der Signalspannungen kommen. In einigen Fäl-

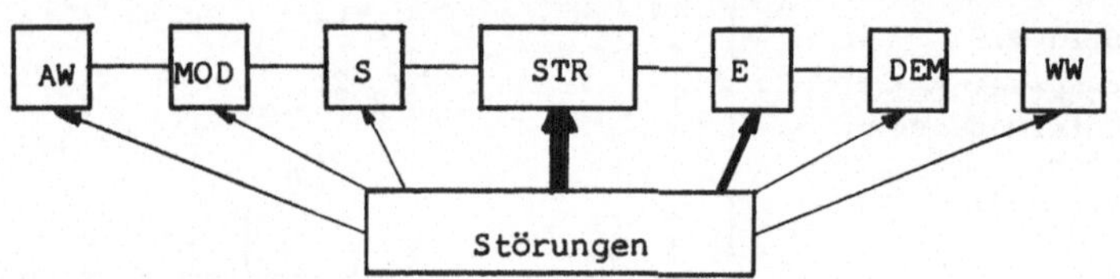

Bild 4.10   Einfluß von Störungen

len, wie z.B. bei der Nachrichtenübertragung von Raumsonden, ist die Signalamplitude wesentlich kleiner als die Amplitude der Störspannungen (im wesentlichen Rauschen). Solche Fälle erzwingen besondere Maßnahmen, z.B. die Verwendung besonders rauscharmer Verstärker, beispielsweise Molekularverstärker (Maser) oder parametrische Verstärker. Korrelationstechniken ermöglichen die Auswertung von Signalen, die durch Rauschen überdeckt sind. Digitale Übertragung (s. Abschn. 5.2.2 PCM) läßt von vornherein höhere Störpegel zu.

Allgemein definiert man den _Störabstand_ S als Verhältnis von Signalleistung s zu Störleistung N (N von englisch noise = Rauschen)

$$S = \frac{s}{N} \tag{4.19}$$

Da der Störabstand eine Verhältniszahl ist, wird er häufig auch in Dezibel angegeben

$$S = 10 \lg \frac{s}{N} \text{ dB} \tag{4.20}$$

Die Empfindlichkeit von Rundfunkempfängern beispielsweise wird angegeben als die für S = 26 dB mindestens erforderliche Antennenspannung. Ein handelsüblicher UKW-Empfänger hat z.B.

die Empfindlichkeit 1 µV. Die wichtigste Störquelle ist das
Rauschen. Daneben gibt es eine Reihe sonstiger Störungen.

<u>4.4.1 Rauschen</u>

Das Rauschen wird durch statistische Bewegungen der Ladungs-
träger verursacht. Der Natur dieser Bewegungen nach unterscheidet man
  - <u>thermisches Rauschen</u>, verursacht durch thermische Bewe-
    gung der Ladungsträger in Wirkwiderständen,
  - <u>Schrotrauschen</u>, verursacht durch unregelmäßige Ladungs-
    trägerinjektion bzw. -emission in Halbleitern und Elek-
    tronenröhren,
  - <u>Funkelrauschen</u>, wegen seiner Frequenzabhängigkeit auch
    1/f-Rauschen genannt und
  - <u>Stromverteilungsrauschen</u>, verursacht durch Schwankungen
    der Stromverteilung auf Basis und Kollektor bei Transis-
    toren bzw. Gitter und Anode bei Röhren.

Ein Rauschen, dessen mittlere Amplitude bei allen Frequenzen
gleich ist, nennt man in Analogie zur Optik weißes Rauschen,
weil weißes Licht ebenfalls alle (sichtbaren) Frequenzen enthält.

Die wichtigste Rauschquelle ist das thermische Rauschen. Dies
ist ein in Wirkwiderständen auftretendes weißes Rauschen. Der
Mittelwert des Quadrates der Rauschspannung u_R ist

$$\overline{|u_R|}^2 \;=\; 4kTR\Delta f \tag{4.21}$$

Darin ist $k = 1{,}38 \cdot 10^{-23}$ Ws/K die B o l t z m a n n'sche
         Konstante,

         T die absolute Temperatur,

         R der Widerstandswert und

         Δf die Bandbreite, mit der u_R gemessen wird.

R kann ein absichtlich eingebauter, körperlicher Widerstand
oder eine rechnerische Ersatzgröße für Verluste sein. Die
mittlere Rauschleistung ist

$$p_R = \frac{u_R^2}{R} = 4kT\Delta f \qquad (4.22)$$

Sie ist unabhängig von R! Rauschen entsteht also in allen
elektrischen Netzwerken einschließlich der Übertragungsstrek-
ken, die alle Wirkwiderstandsanteile enthalten. Viele Netzwerke enthalten außerdem noch rauschende Verstärkerelemente.

Um das Rauschen zu beschreiben, ordnet man den Netzwerken
eine <u>Rauschzahl</u> F zu. Da stets auch die das Netzwerk speisen-
de Quelle rauscht, definiert man die Rauschzahl als das Verhältnis der Störabstände an Eingang und Ausgang des Netzwerkes

$$F = \frac{S_e}{S_a} = \frac{\dfrac{s_e}{N_e}}{\dfrac{s_a}{N_a}} \qquad (4.23)$$

Der Störabstand am Ausgang des Netzwerkes ist kleiner als der
am Eingang, weil das Netzwerk sein Eigenrauschen hinzugefügt
hat. Deshalb ist die Rauschzahl immer größer als 1.

Ist v_p die Leistungsverstärkung des Netzwerkes, so ist
$s_a = v_p s_e$ und $N_a = v_p N_e + N_v$, worin N_v die Eigenrauschlei-
stung des Netzwerkes ist. s_e und s_a bzw. N_e und N_a sind Signal bzw. Rauschleistungen jeweils am Eingang und Ausgang des
Netzwerkes. Damit wird die Rauschzahl

$$F = \frac{s_e N_a}{v_p s_e N_e} = \frac{N_a}{v_p N_e} = 1 + \frac{N_v}{v_p N_e} \qquad (4.24)$$

Hat das Netzwerk kein Eigenrauschen, so ist $N_v = 0$ und $F = 1$.
Der zweite Summand in Gl. (4.24) heißt auch Zusatzrauschzahl.

Häufig wird die Rauschtemperatur θ statt der Rauschzahl angegeben. Sie ist diejenige Temperatur, die ein Wirkwiderstand
haben müßte, um die gleiche Rauschleistung zu erzeugen. Die
thermische Rauschleistung ist nach Gl. (4.22) $p_R = 4kT\Delta f$. Die
Rauschleistung am Eingang des Netzwerkes ist $N_e = 4k\theta_e\Delta f$, und
die am Ausgang $N_a = v_p 4k\theta_a\Delta f$. Darin ist $\theta_a = \theta_e + \theta_v$, worin
θ_v die auf den Eingang bezogene Eigenrauschtemperatur des

Netzwerkes ist. Die Rauschzahl errechnet sich aus der Rauschtemperatur zu

$$F \; = \; \frac{s_e \; N_a}{s_a \; N_e} \; = \; \frac{s_e \; v_p 4k\theta_a \Delta f}{v_p \; s_e 4k\theta_e \Delta f} \; = \; \frac{\theta_a}{\theta_e} \; = \; 1 + \frac{\theta_v}{\theta_e} \qquad (4.25)$$

Sie wird häufig auch in dB angegeben

$$F_{dB} = 10 \; \lg F \; dB \qquad\qquad (4.26)$$

Die Rauschzahl eines Fernsehtuners beträgt beispielsweise
etwa 10 dB, die eines ZF-Transistors bei 36 MHz etwa 1,5 dB.

4.4.2 Sonstige Störungen

Außer dem Rauschen gibt es noch weitere Störungen, die bis auf
wenige Ausnahmen aber künstliche Ursachen haben. Solche Störungen sind z.B. Umschaltspitzen, die durch Thyristorsteue-
rungen verursacht werden, Übersprechspannungen oder Netzbrum-
men. Solche Störungen heißen im englischen "man made noise".

Diese Störungen sind deshalb nicht so schwerwiegend wie das
Rauschen, weil sie, wenigstens prinzipiell, ihrer Ursache
nach bekannt sind und man ("Gefahr erkannt, Gefahr gebannt")
gezielte Gegenmaßnahmen treffen kann.

Ein Beispiel für solche Gegenmaßnahmen ist die Störgrößenauf-
schaltung. Sie wird u.a. in geregelten Netzteilen verwendet,
um die Netzbrummspannung zu vermindern; das sind Restanteile
der Netzwechselspannung in der Ausgangsgleichspannung des
Netzgerätes. Dazu führt man der Regelschaltung die Störgröße,
in diesem Fall die Brummspannung, gesondert zu. Sie wird der
schaltungseigenen Brummspannung gegenphasig überlagert. Bei
richtiger Dimensionierung ist die resultierende Brummspannung
verschwindend klein.

4.4.3 Kanalkapazität

Wenn man sich vorstellt, eine Übertragungseinrichtung oder
ein "Kanal" sei vollkommen störungsfrei, so ließen sich beliebig kleine und damit auch beliebig viele Amplitudenstufen unterscheiden, weil auch kleinste Signalspannungen nicht von
Störungen überdeckt würden. Der je Zeiteinheit übertragbare
Informationsgehalt, die Kanalkapazität, wäre damit für einen
ungestörten Kanal beliebig groß.

Ein realer Kanal hingegen ist gestört. Die Amplitudenauflösung ist nun begrenzt, die Zahl der unterscheidbaren Amplitudenstufen hängt, wie Bild 4.11 zeigt, vom Verhältnis der Sig-
nalspannung u_s zur Störspannung u_R ab. Zwei Amplitudenstufen

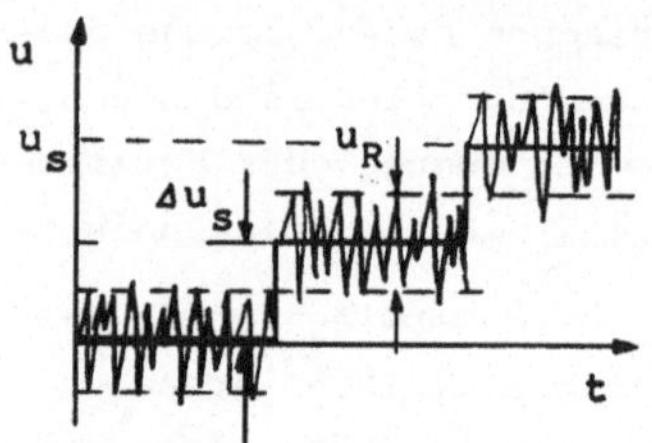

Bild 4.11

Amplitudenauflösung
im gestörten Kanal

lassen sich dann gerade noch unterscheiden, wenn die Stufen-
höhe $\Delta u_s \geq u_R$ ist. Die Zahl n der unterscheidbaren Amplitudenstufen ist dann

$$n = \frac{u_s + u_R}{\Delta u_s} = \frac{u_s + u_R}{u_R} \tag{4.27}$$

Da Signal- und Rauschspannung unkorreliert, d.h. statistisch
voneinander unabhängig sind, gilt für die Quadrate

$$n^2 = \frac{u_s^2 + u_R^2}{u_R^2} = 1 + \frac{u_s^2}{u_R^2} = 1 + \frac{s}{N} \tag{4.28}$$

wenn $s = u_s^2/R$ und $N = u_R^2/R$ Signal- bzw. Rauschleistung sind.
Der gemischte Anteil $2u_s u_R$ ist auf Grund der statistischen
Unabhängigkeit von u_s und u_R im Mittel Null und kann daher
in Gl. (4.28) entfallen. Die Anzahl der unterscheidbaren Am-

plitudenstufen läßt sich also mit Hilfe des Störabstandes S
nach Gl. (4.19) ausdrücken

$$n = \sqrt{1 + S} \qquad (4.29)$$

Der Informationsgehalt der Amplitude (z.B. eines Abtastpunktes) ist dann nach Gl. (2.1)

$$J = lb\ n = lb\sqrt{1 + S} \qquad (4.30)$$

Nach Bild 4.12 und Abschn. 3.5 kann man als Grenzfall annehmen, daß sich eine Amplitudenprobe durch eine Sinushalbschwingung übertragen läßt. Die für diese Übertragung minimal er-

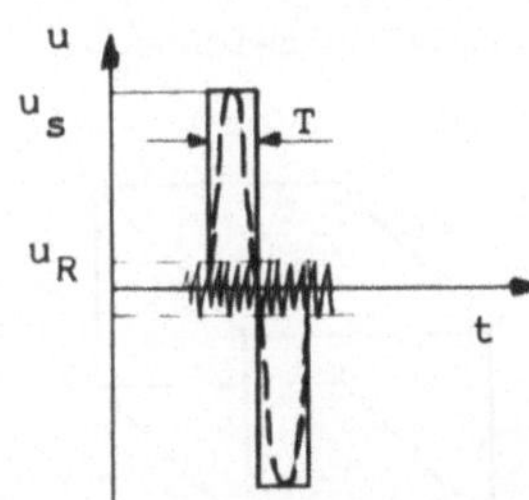

Bild 4.12

Zur Bestimmung der
Kanalkapazität

forderliche Bandbreite ist dann mit der Zahl k der Amplitudenproben, der Dauer T einer Amplitudenprobe und der Übertragungszeit T_z

$$B = \frac{1}{2T} = \frac{k}{2T_z} \quad \text{mit} \quad T = \frac{T_z}{k} \qquad (4.31)$$

Der Informationsgehalt dieser k Proben ist

$$J = k\ lb\sqrt{1 + S} = 2BT_z\ lb\sqrt{1 + S} \qquad (4.32)$$

Führt man nun die <u>Kanalkapazität</u> C ein, so wird

$$C = \frac{J}{T_z} = 2B\ lb\sqrt{1 + S} = B\ lb(1 + S) \qquad (4.33)$$

Für die **digitale** Übertragung werden nur zwei Amplitudenstufen benutzt. Nach Gl. (3.43) ist dann

$$C = B = \frac{J}{T_z}$$

Dies ist identisch mit Gl. (4.33), wenn gilt

$$lb\ 2 \;=\; lb(1 + S) \quad oder \quad S = 1 \qquad (3.34)$$

Der Störabstand für digitale Übertragung darf bis auf den Wert 1 absinken. Daher ist die Übertragungssicherheit für digitale Signale sehr groß.

Nach Gl. (4.33) läßt sich der übertragene Informationsgehalt als Quader darstellen, dessen drei Kanten durch die Übertragungszeit T_z, die Übertragungsbandbreite B und den Logarithmus des Störabstandes $lb(1 + S)$ gegeben sind. Bild 4.13 zeigt diesen Nachrichtenquader. Die Größe $lb(1 + S)$ wird oft auch mit "Dynamik" bezeichnet.

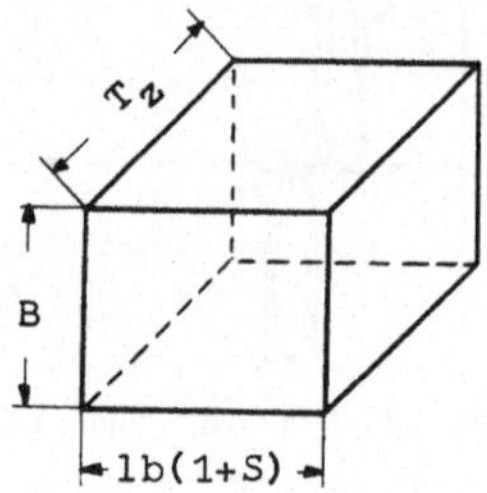

Bild 4.13
Nachrichtenquader

5 Komponenten der Nachrichtentechnik

In Abschn. 4.1 ist ein Schema der Nachrichtenübertragung angegeben. Die dort gezeigten Funktionsblöcke sollen in diesem Abschnitt besprochen werden.

5.1 Aufnahmewandler - Wiedergabewandler

Aus der Vielzahl der Wandler für Ton-, Bild- und Datenübertragung sollen hier nur die akustischen Wandler angesprochen werden. Wandler sind die Schnittstellen zum elektrischen Übertragungssystem und müssen sowohl elektrische Anforderungen

erfüllen als auch solche, die von der nachrichtgebenden bzw.
-aufnehmenden Seite gestellt werden. Dies ist, weil hier oft
der Mensch steht, eine Quelle für Mensch-Maschine-Probleme.
Die Aufnahmefähigkeit des Menschen beträgt nur etwa 20 Bit
pro Sekunde, deshalb neigen gerade Nachrichtengeräte mit ihren hohen Bitraten dazu, den Menschen zu überfordern.

5.1.1 Grundzüge der Akustik

Akustik ist die Lehre vom hörbaren Schall. Darunter versteht
man mechanische Schwingungen mit Frequenzen von etwa 16 Hz
bis 20 kHz.

Frequenzen unterhalb von 16 Hz bezeichnet man als Infraschall.
Sie haben für geologische Untersuchungen, für Gebäudeschwin-
gungen und anderes Bedeutung. Frequenzen von 16 Hz bis etwa
30 Hz werden mehr über das Zwerchfell als über das Ohr wahrgenommen. Diese Frequenzen und auch der höherfrequente Infraschall haben bei großen Amplituden Einfluß auf das vegetative
Nervensystem. Darauf beruht z.B. die berauschende Wirkung des
Rhythmus und lauter Baßbegleitung in der Musik.

Die obere Hörgrenze liegt bei 16 kHz bis 20 kHz; sie nimmt
mit steigendem Lebensalter ab. Frequenzen oberhalb dieser
Grenze bezeichnet man als Ultraschall. Ultraschall findet
vielseitige Anwendung in der Ortung (Echolot), der Feinmecha-
nik (Ultraschallschweißen), in der Werkstoffprüfung oder in
der medizinischen Diagnostik (statt Röntgen, "Ultraschallge-
rät")

Der Schall wird durch vier Größen gekennzeichnet:

Schalldruck p entspricht im elektrischen Analogon der Spannung. Die Einheit ist das Pascal, häufig wird auch das μBar
benutzt.

$$1 \text{ Pa} = 1 \frac{N}{m^2} = 10 \ \mu\text{Bar}$$

Schallschnelle v entspricht dem Strom. Die Schallschnelle
kennzeichnet die Geschwindigkeit der schwingenden Teilchen

und darf nicht mit der Wellengeschwindigkeit, der Schallgeschwindigkeit c, verwechselt werden. Die Einheit ist m/s.
<u>Schallintensität</u> I entspricht der Leistung. Die Einheit ist
W/m^2. Die Schalleistung ergibt sich aus dem Hüllenintegral
über die Schallintensität

$$L = \oint I \, dF$$

Beispiele für Schalleistungen: Sprache 10^{-5} W, Geige 10^{-3} W,
Lautsprecher bis 10^2 W.
<u>Schallgeschwindigkeit</u> c ist die Wellengeschwindigkeit.
Die Schallgeschwindigkeit in Luft ist unter Normalbedingungen
c_o = 331 m/s.

Mit der Dichte ϱ des Mediums, in dem sich der Schall ausbrei-
tet, läßt sich ein akustischer Widerstand $Z = c\varrho$ angeben.
Für Luft ist die Dichte unter Normalbedingungen
ϱ_o = 1,29 10^{-3} g/cm^3.

Zwischen den genannten Größen gelten Beziehungen, die den aus
der Elektrotechnik bekannten analog sind, beispielsweise

$$I = pv \quad ; \quad p = Zv \qquad\qquad (5.1)$$

Der Schalldruck wird als Wechselgröße beschrieben durch

$$p = \hat{p} \sin\omega t \qquad\qquad (5.2)$$

Die Schallwellenlänge ist $\lambda = c/f$. Für den Frequenzbereich
von 16 Hz bis 16 kHz ergeben sich damit sehr unterschiedliche
Wellenlängen von 2,14 cm bis 21,4 m. Die Schallausbreitung
und die Richtcharakteristiken von Schallstrahlern sind daher
sehr frequenzabhängig (s. Bild 5.9). Tafel 5.1 zeigt zur weiteren Erläuterung Analogien zwischen mechanischen, akustischen
und elektrischen Größen.

mechanisch	akustisch	elektrisch
F Kraft	p Schalldruck	U Spannung
v Geschwindigkeit	v Schallschnelle	I Strom
P Leistung $\quad P = F \cdot v$	I Schallintensität $I = p \cdot v$	P Leistung $\quad P = U \cdot I$
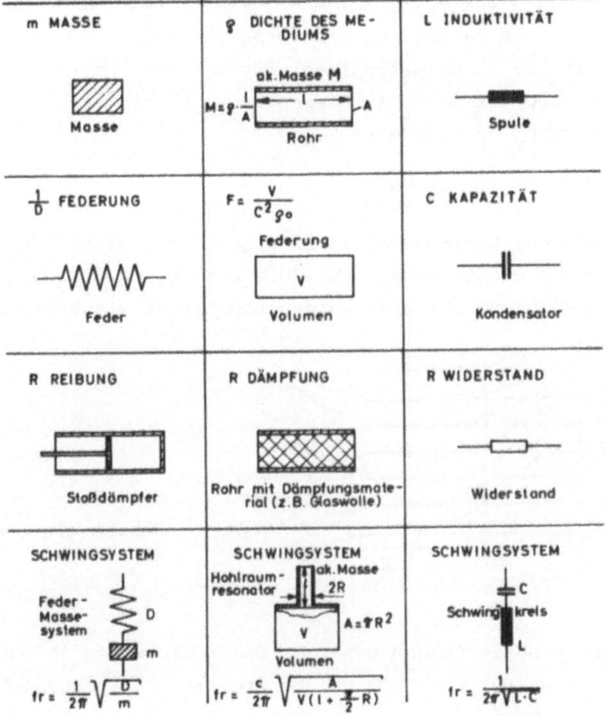 m MASSE Masse	ϱ DICHTE DES MEDIUMS ak. Masse M $M = \varrho \cdot \dfrac{l}{A}$ A Rohr	L INDUKTIVITÄT Spule
$\dfrac{1}{D}$ FEDERUNG Feder	$F = \dfrac{V}{c^2 \varrho_0}$ Federung V Volumen	C KAPAZITÄT Kondensator
R REIBUNG Stoßdämpfer	R DÄMPFUNG Rohr mit Dämpfungsmaterial (z.B. Glaswolle)	R WIDERSTAND Widerstand
SCHWINGSYSTEM Feder-Masse-system D m $fr = \dfrac{1}{2\pi} \sqrt{\dfrac{D}{m}}$	SCHWINGSYSTEM Hohlraumresonator ak. Masse 2R $A = \pi R^2$ V Volumen $fr = \dfrac{c}{2\pi} \sqrt{\dfrac{A}{V(l + \frac{\pi}{2}R)}}$	SCHWINGSYSTEM C Schwingkreis L $fr = \dfrac{1}{2\pi\sqrt{L \cdot C}}$

Tafel 5.1

Analogien zwischen mechanischen, akustischen und elektrischen Größen

<u>Lautstärke</u>. In der Physiologie gilt allgemein, daß die Empfindung dem Logarithmus des auslösenden Reizes proportional ist. Für die Akustik bedeutet das, daß die empfundene Lautstärke L dem Logarithmus der Schallintensität I proportional ist:

$$L \sim \lg I \qquad (5.3)$$

Dies ist das W e b e r-F e c h n e r'sche Gesetz. Man definiert daher die Lautstärke als logarithmisches Maß in folgender Weise: Die Hörschwelle liegt für f = 1000 Hz bei dem Schalldruck $p = 2 \cdot 10^{-5}$ Pa. Diesen Wert benutzt man als Bezugsschalldruck p_0 und schreibt

$$L = 20 \lg \frac{p}{p_0} \ dB \qquad (5.4)$$

Die empfundene Lautstärke ist frequenzabhängig. Bild 5.2 zeigt die Kurven gleicher Lautstärke, die aus vielen Messungen an Versuchspersonen gemittelt wurden und früher als Basis einer

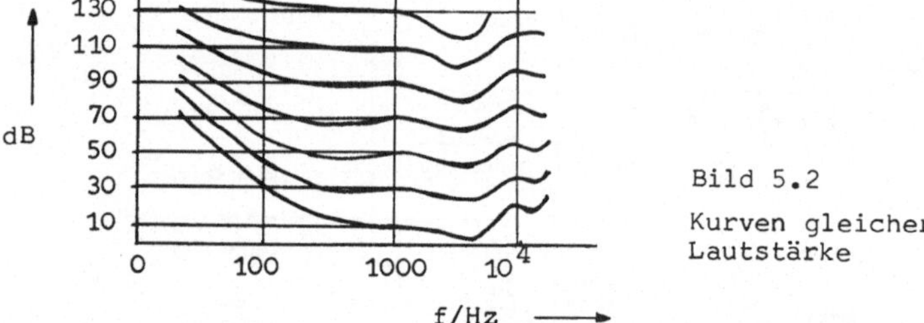

Bild 5.2

Kurven gleicher Lautstärke

Lautstärkeeinheit "phon" dienten. Die Zahlenwerte in phon und in dB stimmen bei f = 1000 Hz überein. Um die Frequenzabhängigkeit des Ohres weiterhin zu berücksichtigen, sind in der Norm Bewertungskurven festgelegt worden. Insbesondere die Kurve A ist von Bedeutung, denn die nach dieser Kurve bewertete und in dB(A) angegebene Lautstärke ist sehr gebräuchlich. Bild 5.3 zeigt die Bewertungskurve A.

Die obere Schalldruckgrenze für das Ohr ist die Schmerzschwelle. Sie liegt etwa bei $p = 10^2$ Pa oder 135 dB.

Einige Lautstärkewerte: Bibliothek 35 dB, Unterhaltung 60 dB, mittlerer Straßenverkehr 85 dB, Musikgruppe 110 dB.

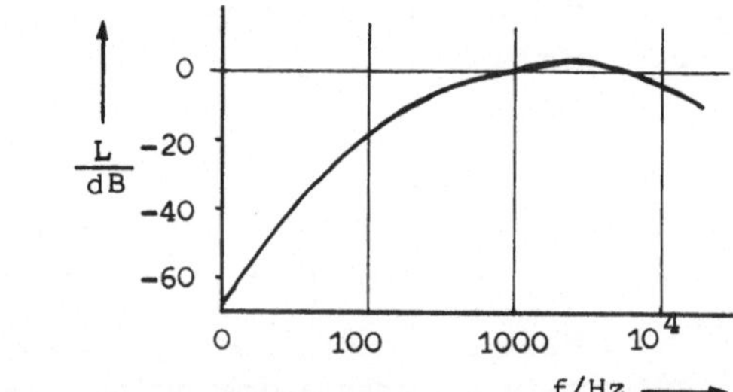

Bild 5.3
Bewertungskurve A

5.1.2 Mikrofone

Mikrofone sollen Schall in elektrische Signale umwandeln. Es gibt eine Reihe von Wandlungsprinzipien, die zu verschieden-artigen Mikrofonen führen: Kohlemikrofon, dynamisches, Konden-sator-, magnetisches und Kristallmikrofon. Alle Mikrofone ar-beiten mit einer Membran, die je nach Konstruktion entweder durch den Schalldruck oder durch den Unterschied der Schall-drücke vor und hinter der Membran, den Schalldruckgradienten, angetrieben wird. Hier sollen nur das dynamische Tauchspul-mikrofon und das Kondensatormikrofon besprochen werden, die sich für die Mehrzahl der Anwendungen durchgesetzt haben.

Bild 5.4 zeigt die Schnittzeichnung eines <u>dynamischen Tauch-spulmikrofons.</u> Es besteht aus einem kreisrunden Magnetsystem, das in dem ebenfalls kreisrunden Luftspalt ein nahezu homo-

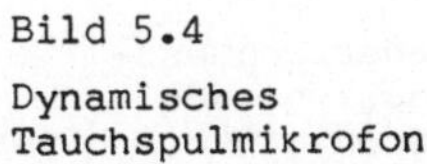

Bild 5.4
Dynamisches
Tauchspulmikrofon

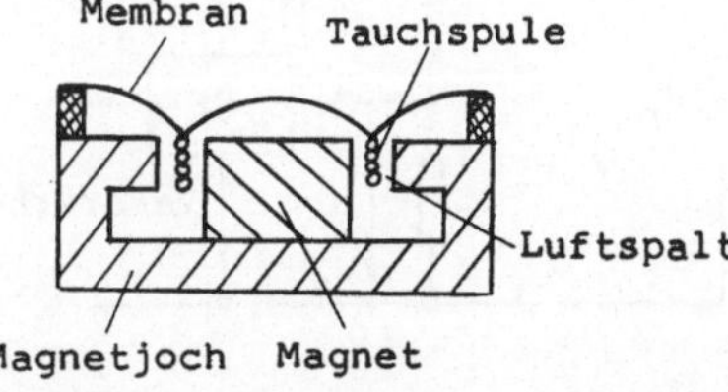

genes Magnetfeld erzeugt. Die durch die Membran getriebene Tauchspule bewegt sich senkrecht zu den Feldlinien. Die an den

Enden der Tauchspule entstehende Spannung berechnet man nach
dem Induktionsgesetz. Ist r der Radius und n die Windungszahl
der Tauchspule, B die magnetische Flußdichte und v die Membrangeschwindigkeit, so gilt

$$u = 2\pi r n B v \tag{5.5}$$

Dynamische Mikrofone haben eine typische Empfindlichkeit von
etwa 2 mV/Pa. Ihre besondere Stärke ist der kleine Klirrfaktor.

Der Aufbau eines <u>Kondensatormikrofons</u> ist in Bild 5.5 gezeigt.
Eine einseitig metallisierte Kunststoffolie, selten auch eine
dünne Metallfolie, z.B. aus Titan, bildet zusammen mit einer
metallisierten Gegenelektrode einen variablen Kondensator.
Der Membranabstand d muß für die üblichen Ruhekapazitäten C_o
von etwa 200 pF sehr klein sein, beispielsweise 10 μm.

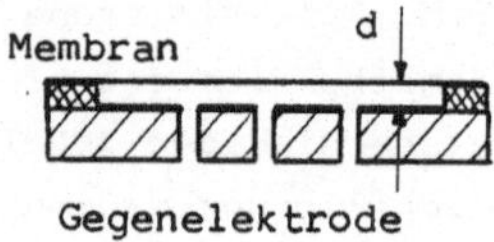

Bild 5.5
Kondensatormikrofon

Ein Kondensatormikrofon muß beschaltet werden, damit eine
Ausgangsspannung entstehen kann. Bild 5.6 zeigt die Niederfre-
quenzschaltung des Kondensatormikrofons. Eine Polarisations-

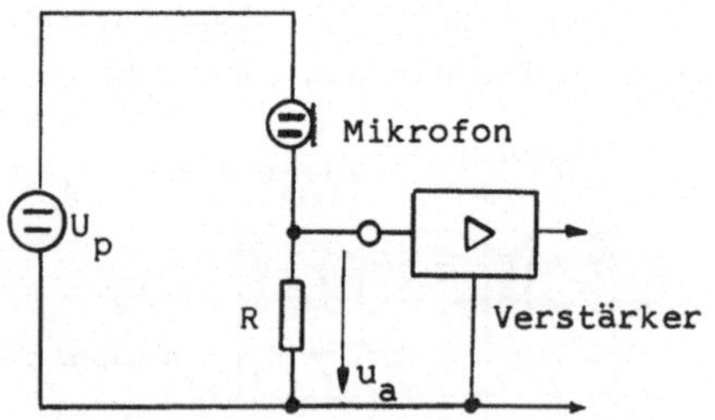

Bild 5.6
Niederfrequenz-
schaltung des
Kondensatormikrofons

spannung U_p liegt an einer Reihenschaltung des Mikrofons mit
einem hohen Widerstand R, der der Bedingung $R \gg 1/(\omega_u C_o)$
genügen muß. ω_u ist die untere Grenzkreisfrequenz des Über-

tragungsbereiches. R liegt in der Größenordnung 10 MΩ bis
100 MΩ. Ist ΔC die Änderung der Kapazität auf Grund der Membranbewegung und u_a die Änderung der Spannung an R, so ist

$$U_p = \frac{Q}{C_o} \quad ; \quad U_p + u_a = \frac{Q}{C_o - \Delta C} \qquad (5.6)$$

Mit $Q = U_p C_o$ wird daraus

$$U_p + u_a = U_p \frac{C_o}{C_o - \Delta C} = U_p \frac{1}{1 - \Delta C/C_o} \approx U_p (1 + \Delta C/C_o)$$

Die Ausgangsspannung der Schaltung ist der Wechselanteil

$$u_a = U_p \frac{\Delta C}{C_o} \qquad (5.7)$$

Wegen des hohen Ausgangswiderstandes ist diese Schaltung
äußerst empfindlich gegen Störungen. Daher wird der erste Verstärker immer unmittelbar mit dem Mikrofon vereinigt.

Bei den Elektretmikrofonen verwendet man statt der Polarisationsspannung U_p eine polarisierte Kunststoffmembran. Das Kondensatormikrofon zeichnet sich durch seinen hervorragenden
Frequenzgang aus (s. Bild 5.7)

Je nachdem, ob die Membran einseitig oder aber von beiden Seiten dem Schallfeld ausgesetzt ist, unterscheidet man <u>Druckempfänger</u> von <u>Druckgradientenempfängern</u>. Bild 5.7 zeigt die
prizipiellen Frequenzgänge dieser Schallwandlerarten.

Beim Druckempfänger ist die Membran dem Schallfeld einseitig
ausgesetzt. Da der Schalldruck eine skalare, d.h. ungerichtete Größe ist, ist die Empfindlichkeit nach allen Richtungen
gleich. Die Richtcharakteristik ist daher ein Kreis (s. Bild
5.8).

Für einen guten Frequenzgang des Druckempfängers verwendet
man nach Bild 5.7 entweder <u>hoch abgestimmte</u> Membranen, deren
mechanische Eigenresonazfrequenz oberhalb des Übertragungsbereiches liegt, oder <u>reibungsgehemmte</u> Membranen, bei denen
die in der Mitte des Übertragungsbereiches liegende Eigenre-

sonanz stark bedämpft wird. Die hoch abgestimmte Membran läßt sich nur beim Kondensatormikrofon verwirklichen, weil man hier leichte Membranen mit hoher mechanischer Vorspannung verwenden kann.

Die Membran des Druckgradientenempfängers ist dem Schallfeld beidseitig ausgesetzt. Sie wird durch den Unterschied der Schalldrücke vor und hinter der Membran, den Druckgradienten, bewegt. Dieser Mikrofontyp hat eine ausgeprägte Richtwirkung, weil der Druckgradient eine gerichtete Größe ist. (Analogie: Schalldruck – Spannung, Druckgradient – Feldstärke) Die Richtcharakteristik hat, wie Bild 5.8 zeigt, die Form einer Acht.

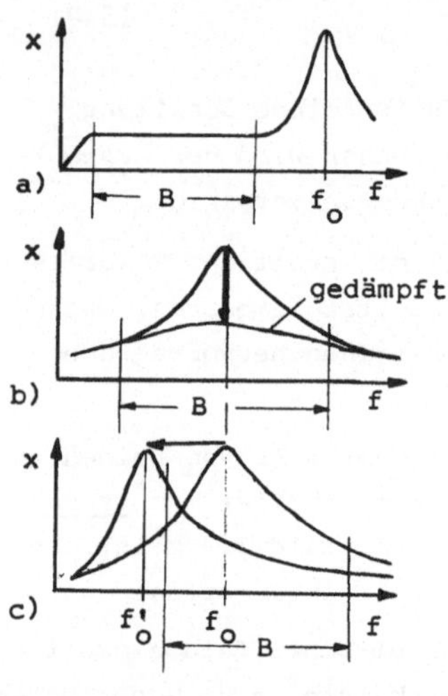

Bild 5.7

Übertragungsbereiche B und Frequenzgänge von Mikrofonen
a) Druckempfänger mit hoch abgestimmter Membran (Kondensatormikrofon)
b) Druckempfänger mit reibungsgehemmter Membran
c) Druckgradientenempfänger mit massegehemmter Membran (dynamisches Mikrofon)

Für sinusförmigen Schalldruck $p = \hat{p} \exp(j\omega t)$ und ebene Schallwelle läßt sich der Druckgradient leicht berechnen. Der Gradient ist für diesen Fall

$$\text{grad } p = \frac{dp}{dx} \tag{5.8}$$

Mit der Schallgeschwindigkeit c ist $x = ct$ und $dx = cdt$. Damit wird

$$\text{grad } p = \frac{1}{c}\frac{dp}{dt} = j\frac{\omega}{c}\,\hat{p}\exp(j\omega t)$$

Der Faktor j bedeutet eine Phasendrehung um 90°, die für den Betrag der Membranauslenkung unwesentlich ist. Somit läßt sich für den Druckgradienten schreiben

$$\text{grad } p = \frac{\omega}{c}\, p \qquad\qquad (5.9)$$

Der Druckgradient ist also der Kreisfrequenz proportional. Wenn man nun dafür sorgt, daß die Membran selbst einen Frequenzgang hat, der mit $1/\omega$ abfällt, so ergibt sich für die Auslenkung der Membran der Gesamtfrequenzgang

$$x(\omega) = \frac{1}{\omega}\, \omega = \text{const.} \qquad\qquad (5.10)$$

Man benutzt in diesem Fall die Massehemmung, d.h. man legt durch eine zusätzliche Masse die Eigenfrequenz der Membran an das untere Ende des Übertragungsbereiches und nutzt die obere Flanke der Resonanzkurve aus, deren Verlauf etwa proportional $1/\omega$ ist.

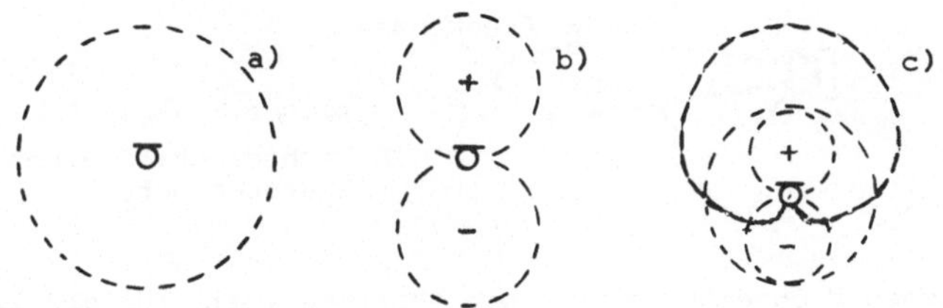

Bild 5.8
Richtcharakteristiken von Mikrofonen
a) Druckempfänger (Kreis), b) Druckgradientenempfänger (Acht), c) Mischtyp (Niere als Überlagerung von Kreis und Acht)

5.1.3 Lautsprecher

Viele Mikrofone lassen sich in umgekehrter Wirkungsrichtung auch als Wiedergabewandler benutzen. Davon wird beispielsweise in Gegensprechanlagen Gebrauch gemacht. Bei der Wiedergabe liegen die Probleme hauptsächlich darin, daß man große Amplituden verarbeiten muß. Dies führt zu hohen Klirrfaktoren, die

Größenordnungen von 5 % bis 10 % erreichen. Die Wirkungsgrade
sind ebenfalls schlecht, sie liegen auch bei 5 % bis 10 %.
Häufig wird statt des Wirkungsgrades die Betriebsleistung angegeben. Das ist die elektrische Leistung, die für eine Lautstärke von 86 dB in 3m Entfernung zugeführt werden muß. Sie
liegt bei Lautsprecherboxen etwa zwischen 4 W und 20 W.

Die Richtcharakteristik eines Lautsprechers zeigt Bild 5.9.
Bei tiefen Frequenzen sind die Abmessungen des Lautsprechers
klein gegen die Wellenlänge. Man erhält daher keine Bündelung;
das Richtdiagramm ist ein Kreis. Bei hohen Frequenzen hingegen sind die Abmessungen groß gegen die Wellenlänge, und es
ergibt sich eine ausgeprägte Richtwirkung, die im allgemeinen
unerwünscht ist. Spezielle Hochtonlautsprecher haben daher
eine kalottenförmige Membran, deren Gestalt die Richtwirkung
herabsetzt (Bild 5.10).

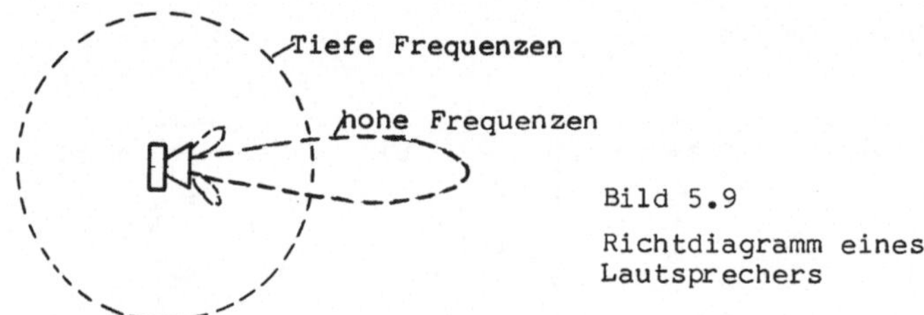

Bild 5.9

Richtdiagramm eines
Lautsprechers

Bei hohen Frequenzen sind große Membranen, die für die Tiefen-
wiedergabe günstig sind, zu weich, d.h. ähnlich wie bei einer
elektrisch langen Leitung schwingen nicht alle Teile der Membran gleichphasig. Breitbandlautsprecher haben deshalb einen
Hochtonkegel, einen kleinen, besonders starren Zusatzkonus.
Bild 5.10 zeigt Membranformen von Lautsprechern.

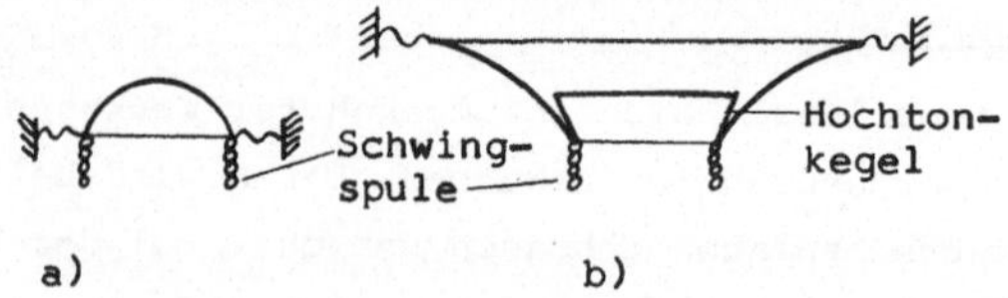

Bild 5.10   Membranformen dynamischer Lautsprecher
            a) Kalottenmembran für Hochtonlautsprecher
            b) Konusmembran mit Hochtonkegel

Die Leistung einer sinusförmig erregten Membran ist mit dem
gesamten Verlustwiderstand r, dem Strahlungswiderstand r_s,
der Verlustleistung P_v und der abgestrahlten Leistung P_{ab}

$$P = rv^2 + r_s v^2 = P_v + P_{ab} \qquad (5.11)$$

v ist die Geschwindigkeit der Membranbewegung, entspricht also der Schallschnelle. Der <u>Strahlungswiderstand</u> ist ein rech-
nerischer Ersatzwiderstand für die abgestrahlte Leistung. Es
läßt sich zeigen, daß $r_s \sim \omega^2$ dem Quadrat der Kreisfrequenz
proportional ist. Wenn die Membrangeschwindigkeit umgekehrt
proportional zur Kreisfrequenz ist, wird die abgestrahlte
Leistung

$$P_{ab} = r_s v^2 \sim \omega^2 \left(\frac{1}{\omega}\right)^2 = const. \qquad (5.12)$$

unabhängig von der Frequenz. Man benutzt auch hier massege-
hemmte Systeme, deren Resonanzfrequenz an der unteren Grenze
des Übertragungsbereiches liegt (s. Bild 5.7).

Zwei Lautsprecherarten haben sich weitestgehend durchgesetzt:
Den <u>dynamischen Lautsprecher</u> zeigt Bild 5.11. Er ist in sei-
nem Aufbau im wesentlichen identisch mit dem des Tauchspul-
mikrofons nach Bild 5.4. Die Antriebskraft der Schwingspule
ist mit dem Signalstrom i und den Größen aus Gl. (5.5)

$$F = 2\pi r n B i \qquad (5.13)$$

Die Antriebskraft ist eine lineare Funktion des treibenden
Stromes. Ein lineares Kraftgesetz ist für einen Wandler
ideal.

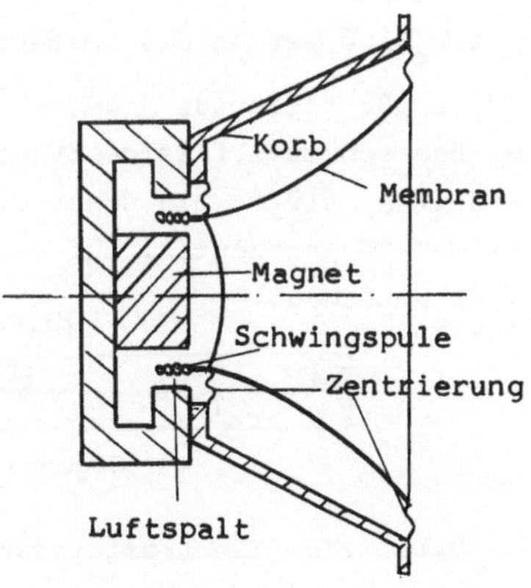

Bild 5.11
Dynamischer Lautsprecher

Bild 5.12 zeigt einen <u>elektrostatischen Lautsprecher</u>. Sein
Aufbau gleicht prinzipiell dem des Kondensatormikrofons; die
Flächen sind allerdings wesentlich größer. Ein Kondensatormikrofon hat z.B. eine Fläche von 3 cm^2, während ein elektrostatischer Hochtonlautsprecher eine Fläche von etwa 200 cm^2
und ein Baßlautsprecher eine Fläche von etwa 2 m^2 hat. Die
auf die Membran wirkende Kraft ist mit der Dielektrizitäts-
konstanten ε_o , der Membranfläche A, dem Abstand Membran-
Gegenelektrode d und der angelegten Spannung u

$$F \;=\; \frac{1}{2}\varepsilon_o \frac{A}{d^2}\, u^2 \tag{5.14}$$

Dies ist ein quadratisches Kraftgesetz. Für eine sinusförmige
Spannung u = û sinωt ergibt sich

$$F \;=\; \frac{1}{2}\varepsilon_o \frac{A}{d^2}\, \frac{\hat{u}^2}{2}\,(1 - \cos 2\omega t) \tag{5.15}$$

Die treibende Kraft hat die doppelte Frequenz der angelegten
Spannung. Nach Gl. (4.13) bedeutet dies einen Klirrfaktor von
100 %. Um ein annähernd lineares Verhalten zu erreichen, benutzt man eine Polarisationsspannung U_p. Die Gesamtspannung
ist dann u = $(U_p + \hat{u}\,\sin\omega t)$. Die Kraft ist damit

$$F \;=\; \frac{1}{2}\varepsilon_o \frac{A}{d^2}\left(U_p^2 + 2U_p\hat{u}\,\sin\omega t + \frac{\hat{u}^2}{2}(1 - \cos 2\omega t)\right) \tag{5.16}$$

Mit $U_p \gg \hat{u}$ werden die Verzerrungen sehr klein.

Für große treibende Kraft muß der Abstand d klein werden. Um
mechanisch zuverlässige Systeme bei großen Membranflächen zu
erhalten, stützt man daher die Membran mehrfach ab, wie in
Bild 5.12 angedeutet. Auf diese Weise erhält man mehrere
Teilmembranen.

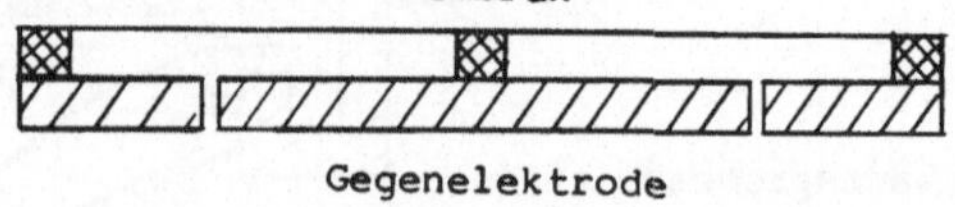

Bild 5.12   Elektrostatischer Lautsprecher

5.2 Modulatoren - Demodulatoren

Ein Nachrichtensignal, z.B. ein Sprachsignal, wird vom Aufnahmewandler meist in einem niedrigen Frequenzbereich gelie-
fert. Dieser Bereich ist für viele Übertragungsarten nicht
gut geeignet, denn das Verhältnis zwischen oberer und unterer
Grenzfrequenz und damit auch die relative Bandbreite nach Gl.
(3.10) sind sehr groß. Für das Sprachsignal mit den Grenzfrequenzen nach Abschn. 3.3.4 beispielsweise muß der Übertra-
gungsweg auf B_r = 1,67 ausgelegt sein. Ferner eignen sich
niedrige Frequenzen nicht für eine drahtlose Übertragung;
denn dafür sind Antennen erforderlich, deren wirksame Länge
etwa 1/4 der Wellenlänge betragen muß - für 1000 Hz beispielsweise 75 km.

Die Modulationsverfahren gestatten es, das Nachrichtensignal
den Erfordernissen der jeweiligen Übertragung anzupassen und
es in höhere Frequenzlagen zu verschieben. Dazu wird das Nachrichtensignal einer für die Übertragung geeigneten Trägerspannung aufgeprägt. Dieses Aufprägen beeinflußt die Kenngrößen
der Trägerspannung und damit ihre Art (Modus). Daher spricht
man von Modulation. Das Sprachsignal, dessen obere Grenzfrequenz beispielsweise auf 100 kHz verschoben ist, hat nur noch
die relative Bandbreite B_r = 0,0346.

Als Trägerspannungen lassen sich sinusförmige Spannungen oder
Pulsfolgen benutzen. Mit dem Momentanwert u, der Amplitude A,
der Kreisfrequenz Ω und dem Nullphasenwinkel φ läßt sich der
sinusförmige Träger darstellen als

$$u = A \sin (\Omega t + \varphi) \qquad (5.17)$$

Die Kenngrößen A, Ω und φ sind durch Modulation veränderbar
und führen, wie in Bild 5.13 verdeutlicht, zu den Modulationsarten Amplitudenmodulation AM, Frequenzmodulation FM und
Phasenmodulation PM. Im folgenden soll die Amplitudenmodulation besprochen werden.

Die modulierbaren Parameter von Impulsen sind in Bild 5.14

gezeigt. Ihre Veränderung führt zu den dort benannten Modulationsarten. Eine weiter entwickelte Pulsamplitudenmodulation,
die Pulskodemodulation PCM, wird als Beispiel für Pulsmodula-
tionsarten beschrieben.

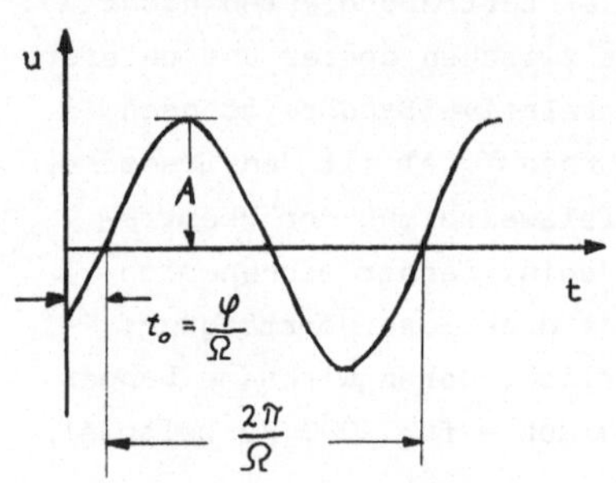

Bild 5.13

Modulierbare Parameter
einer Sinusspannung

Amplitude A   AM
Frequenz Ω FM
Phase φ PM

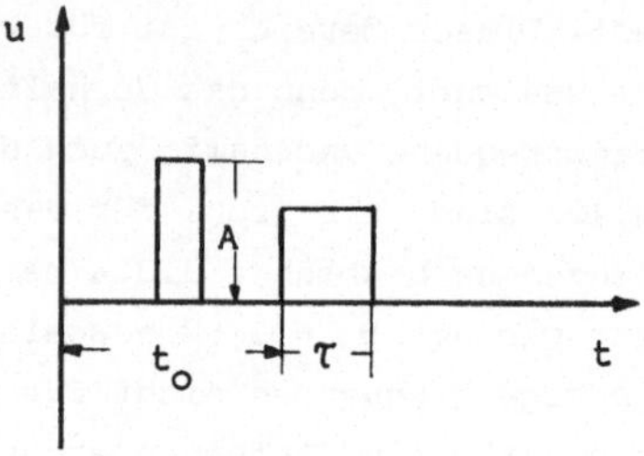

Bild 5.14

Modulierbare Parameter von
Impulsen

Pulsamplitude A   PAM
Pulslänge τ PLM
Pulsphase t_o PPM

5.2.1 Amplitudenmodulation und -demodulation

Bei der Amplitudenmodulation wird die Amplitude A der sinusförmigen Trägerspannung durch das Nachrichtensignal verändert.
In den folgenden Betrachtungen wird das Nachrichtensignal
durch eine ebenfalls sinusförmige Spannung mit Amplitude a und
Kreisfrequenz ω beschrieben.   Zur Unterscheidung von den
entsprechenden Größen der Trägerspannung werden hier kleine
Buchstaben verwendet.

$$u = a \cos \omega t \tag{5.18}$$

Die Darstellung des Nachrichtensignals durch eine Spannung
nur einer Frequenz ist zulässig, denn die damit erzielten Ergebnisse gelten auch für alle anderen im Nachrichtensignal
enthaltenen Frequenzen. In diesem Sinne ist ω die höchste
technisch bedeutsame Kreisfrequenz des Signales (s.Abschn.
3.2.1)

Durch die Modulation wird die Amplitude der Trägerspannung
zeitabhängig

$$A(t) \;=\; A + a \cos\omega t \;=\; A(1 + \tfrac{a}{A}\cos\omega t) \qquad (5.19)$$

Der Quotient $m = a/A$ heißt Modulationsgrad. Damit gilt für
die modulierte Trägerspannung

$$u \;=\; A(1 + m \cos\omega t)\,\sin(\Omega t + \varphi) \qquad (5.20)$$

Den zeitlichen Verlauf dieses amplitudenmodulierten Trägers
zeigt Bild 5.15. In diesem Bild ist die Trägerfrequenz nur
etwa dreimal so groß wie die Signalfrequenz gezeichnet, um
beide Frequenzen im gleichen Maßstab darstellen zu können. In
nahezu allen Anwendungsfällen ist die Trägerfrequenz wesentlich größer als die höchste Signalfrequenz.

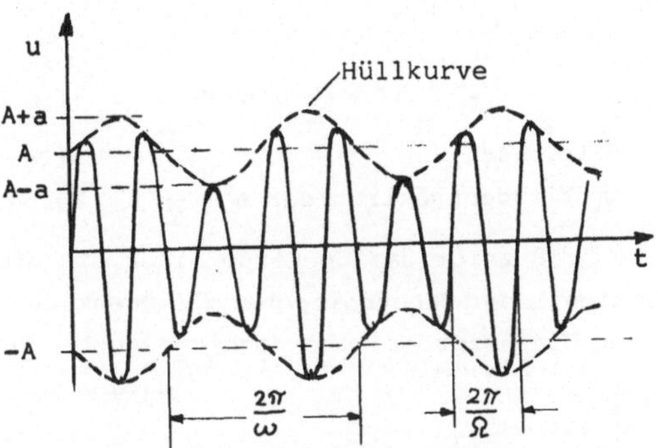

Bild 5.15

Zeitfunktion
der amplituden-
modulierten
Träger-
schwingung

Wir wollen nun das Spektrum der amplitudenmodulierten Trägerspannung bestimmen. Hierfür gilt, wenn man den für die Amplitudenmodulation unwesentlichen Nullphasenwinkel fortläßt

$$u \;=\; (A + a \cos\omega t)\,\sin\Omega t \qquad (5.21)$$

Mit Hilfe des Additionstheorems für Winkelfunktionen
$\sin\alpha \cos\beta = \tfrac{1}{2}(\sin(\alpha - \beta) + \sin(\alpha + \beta))$ wird daraus

$$u \;=\; A \sin\Omega t + \tfrac{a}{2}\sin(\Omega - \omega)t + \tfrac{a}{2}\sin(\Omega + \omega)t$$

$$(5.22)$$

Dies ist der Ausdruck für das Spektrum der amplitudenmodulier-

ten Spannung, das in Bild 5.16 gezeigt ist. Aus den drei Spannungen, die das Spektrum bilden, kann man auch ein Zeigerbild
zeichnen. Wählt man als Bezugsfrequenz die Trägerfrequenz,
so laufen die Zeiger für die Seitenfrequenzen mit den Kreis-
frequenzen um, die der Differenz zwischen Bezugskreisfrequenz
und und jeweiliger Seitenkreisfrequenz entsprechen. Die um-
laufenden Zeiger haben symmetrische Phasenlage, weil die Null-
phase für beide Seitenfrequenzen die gleiche ist, in unserem
Fall Null. Bild 5.17 zeigt das Zeigerbild.

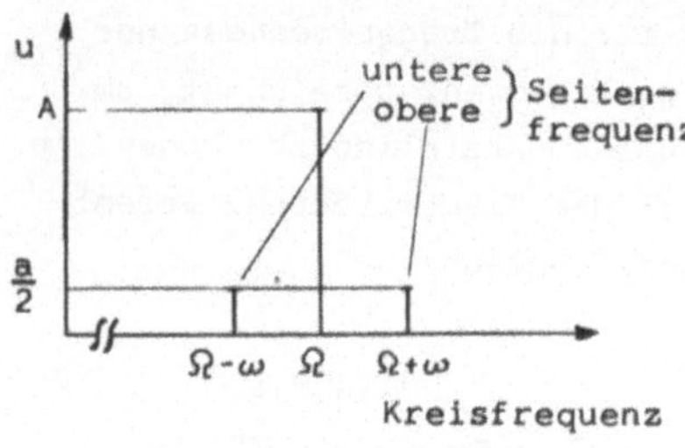

Bild 5.16

Amplitudenspektrum der AM

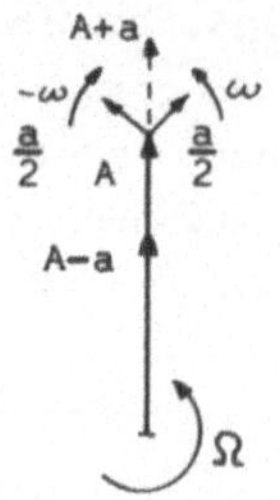

Bild 5.17

Zeigerbild der AM

Bild 5.18 zeigt das Spektrum einer mit einem realen Nachrichtensignal der Bandbreite B amplitudenmodulierten Trägerschwingung. Die erforderliche Hochfrequenzbandbreite ergibt sich

daraus zu

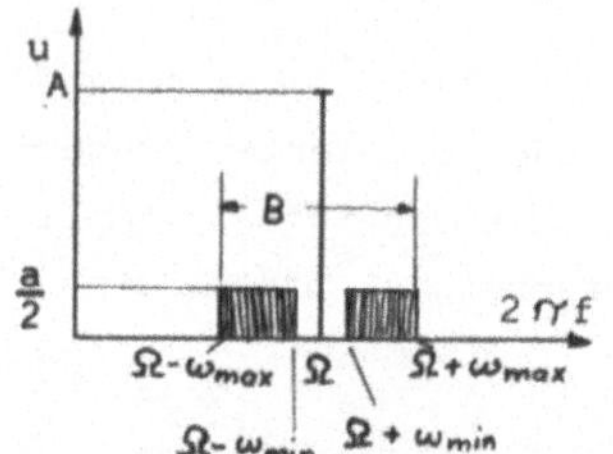

$$B_{HF} = f_o - f_u = \frac{\omega_{max}}{\pi} \quad (5.23)$$

Für $\omega_{min} = 0$ wird $B_{HF} = 2B_{NF}$,
wenn B_{NF} die niederfrequente
Signalbandbreite ist.

Bild 5.18 Bandbreite B und Seitenbänder bei Modulation mit realem Signal der Bandbreite B_{NF}

Sowohl das obere als auch das untere Seitenband nach Bild
5.18 enthalten die gesamte Signalbandbreite. Deshalb benutzt
man in vielen Fällen (z.B. Post, Amateurfunk) die Einseiten-

<u>bandübertragung</u>. Das obere Seitenband hat die Regellage, denn hier liegt die der höchsten Signalfrequenz entsprechende Frequenz über der der niedrigsten Signalfrequenz entsprechenden. Das untere Seitenband hingegen hat Kehrlage, denn hier liegt die der niedrigsten Signalfrequenz entsprechende Frequenz am höchsten. Deshalb überträgt man das obere Seitenband. Die erforderliche Hochfrequenzbandbreite ist jetzt nur noch halb so groß. Bild 5.19 zeigt die Verhältnisse für Einseitenbandübertragung mit Träger. Infolge des Fehlens der unteren Seitenfrequenz ist die Symmetrie des Zeigerbildes gestört. Der Zeiger für die resultierende Spannung liegt daher nicht mehr dauernd in der Richtung des Trägerzeigers, sondern weicht um den Winkel φ davon ab. Die Folge ist eine zusätzliche Phasenmodulation. Sie bewirkt eine Verzerrung der Hüllkurve, denn die Zeit t_2, während der die Gesamtamplitude größer als A ist, wird größer als die Zeit t_1, d.h. die Hüllkurve ist nicht mehr sinusförmig.

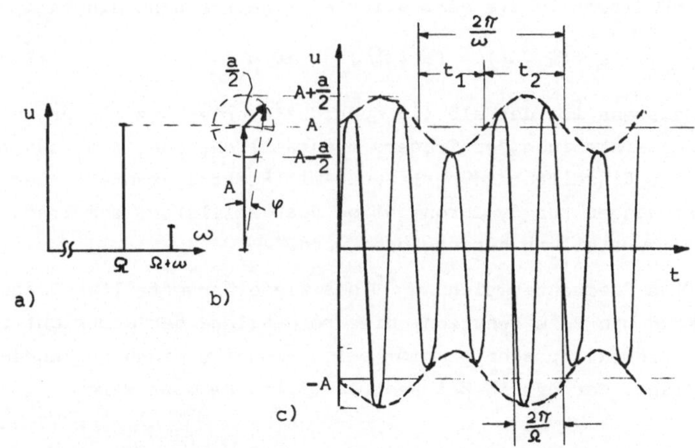

Bild 5.19 Einseitenbandübertragung (ESB oder englisch SSB) mit Träger
a) Spektrum
b) Zeigerbild
c) Zeitbild mit eingezeichneter Verzerrung der Hüllkurve (t_1 t_2) durch Phasenmodulationsanteil

- 88 -

Außer der Einsparung an Bandbreite bietet die Einseitenbandübertragung den Vorteil geringerer erforderlicher <u>Sendelei-
stung</u>. Für Zweiseitenbandübertragung ist die Sendeleistung
P_z mit dem Eingangswiderstand Z der Übertragungsstrecke, der
Trägeramplitude A und der Signalamplitude a

$$P_z = \frac{(A/\sqrt{2})^2}{Z} + 2\frac{(a/2\sqrt{2})^2}{Z} = P_{Tr} + 2P_{Seit} \qquad (5.24)$$

Bei Einseitenbandübertragung mit Träger fällt der Faktor 2 vor
der Seitenbandleistung P_{Seit} fort. Überträgt man den Träger
nicht mit, so entfällt auch die Trägerleistung P_{Tr}, die den
größten Leistungsanteil darstellt. Die Sendeleistung ist dann
nur noch

$$P_{Seit} = \frac{(a/2\sqrt{2})^2}{Z} \qquad (5.25)$$

Bei der Übertragung ohne Träger muß man zur Demodulation den
Träger am Empfangsort wieder zusetzen. Dieser muß sehr genau
die Frequenz des Originalträgers einhalten, weil der Fehler
$\Delta\Omega$ direkt in die demodulierte Signalfrequenz eingeht:

$$(\Omega + \omega) - (\Omega + \Delta\Omega) = \omega - \Delta\Omega \qquad (5.27)$$

Meistens ist deshalb ein quarzgesteuerter Oszillator zur Wie-
derherstellung des Trägers erforderlich, oder aber man benutzt
eine Einseitenbandübertragung mit Restträgeranteil, der im
Empfänger zur Synchronisation des Oszillators zur Trägerwie-
derherstellung herangezogen wird.

Eine Frequenzabweichung $\Delta\Omega$ des wiederhergestellten Trägers
kann man dazu benutzen, die Frequenzlage der Nachricht zu verschieben. Sprache bekommt beispielsweise einen quäkenden
Klang, der oft in Zeichentrickfilmen benutzt wird.

<u>Realisierung der Amplitudenmodulation</u>. Für die Amplitudenmo-
dulation braucht man eine Schaltung, die das Nachrichtensignal mit der Trägerspannung multiplizieren kann. Hier sollen
zwei Möglichkeiten aufgezeigt werden.

Das erste Verfahren ist die <u>Modulation an nichtlinearer Kenn-linie</u>. Eine solche Kennlinie, z.B. eine Diodenkennlinie im durch eine Gleichspannung U_o eingestellten Arbeitspunkt, sei hier, ähnlich wie in Abschn. 4.3.2, als Potenzreihe bis zur 2. Ordnung angenähert

$$i = a_1 u + a_2 u^2 \tag{5.27}$$

Gibt man darauf das Summensignal

$$u = A \sin\Omega t + a \cos\omega t \tag{5.28}$$

so erhält man

$$i = a_1(A \sin\Omega t + a \cos\omega t) + a_2 (A^2\sin^2\Omega t +$$

$$+ a^2\cos^2\omega t + 2Aa \sin\Omega t \cos\omega t) \tag{5.29}$$

Die Quadrate der Winkelfunktionen in der 2. Klammer führen auf die jeweils doppelten Frequenzen. Diese Anteile sind für die AM uninteressant. Der letzte Summand in der zweiten Klammer ergibt den gewünschten Produktanteil. Mit Hilfe der Additionstheoreme kann man schreiben

$$i = \underline{a_1 A \sin\Omega t} + a_1 a \cos\omega t + \frac{a_2 A^2}{2} (1 - \cos 2\Omega t) +$$

$$+ \frac{a_2 a^2}{2} (1 + \cos 2\omega t) + \underline{a_2 Aa (\sin(\Omega - \omega)t} +$$

$$+ \underline{\sin(\Omega + \omega)t} \tag{5.30}$$

Die unterstrichenen Anteile ergeben einen amplitudenmodulier-ten Strom. Die übrigen Anteile können z.B. durch einen Schwingkreis unterdrückt werden. Bild 5.20 zeigt eine geeignete Schaltung.

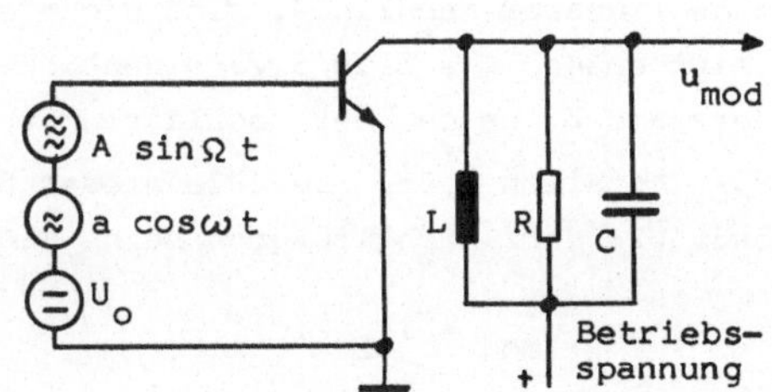

Bild 5.20

Schaltung zur Amplitudenmodula-tion an der nicht-linearen Eingangs-kennlinie eines Transistors

Diese Schaltung verwendet die nichtlineare Eingangskennlinie eines Transistors, die weitgehend mit einer Diodenkennlinie übereinstimmt.

Eine zweite Möglichkeit, die Amplitude zu modulieren, ist die Verwendung einer <u>Multiplikationsschaltung</u>. Als Beispiel einer solchen Schaltung soll der Differenzverstärker nach Bild 5.21 gezeigt werden. In die verbundenen Emitter der Transistoren T_1 und T_2 prägt die gesteuerte Stromquelle T_3 den Strom i_o ein. Der Kollektorstrom des Transistors T_2 ist dann, wenn u_e die Differenzspannung zwischen den Basen von T_1 und T_2 ist

$$i_{C2} = \frac{i_o}{2} \left(1 + \tanh\frac{u_e}{2\,U_T}\right) \tag{5.31}$$

U_T ist darin die Temperaturspannung, sie hat bei 300 K den Wert 26 mV. Für kleine Differenzspannungen $u_e < U_T$ kann man den hyperbolischen Tangens durch sein Argument annähern und erhält

$$i_{C2} = \frac{i_o}{2}\left(1 + \frac{u_e}{4\,U_T}\right) \tag{5.32}$$

i_o wird, wie in Bild 5.21 gezeigt, von der Trägerspannung gesteuert: $i_o = kA \sin\Omega t$. k ist eine Proportionalitätskonstante. Mit $u_e = a \cos\omega t$ wird dann

$$i_{C2} = \frac{kA}{2} \sin\Omega t + \frac{kAa}{4\,U_T} \sin\Omega t \cos\omega t \tag{5.33}$$

$$= \frac{kA}{2} \sin\Omega t + \frac{kAa}{8\,U_T} \left(\sin(\Omega-\omega)t + \sin(\Omega+\omega)t\right)$$

Dieses sind genau die Anteile eines amplitudenmodulierten Stromes. Störende Frequenzanteile, wie bei der Modulation an nichtlinearer Kennlinie, sind nicht entstanden. Bild 5.21 zeigt ebenso wie Bild 5.20 einen Schwingkreis als Arbeitswiderstand Z, an dem der modulierte Strom die Ausgangsspannung u_{mod} abfallen läßt. Die Güte dieses Schwingkreises (s. Abschn. 5.5.1.2) darf nicht zu groß sein, damit die Spannung

$$u_{mod} = i_{C2}\,Z(f) \tag{5.34}$$

bei den Seitenfrequenzen noch nicht zu sehr abgefallen ist.

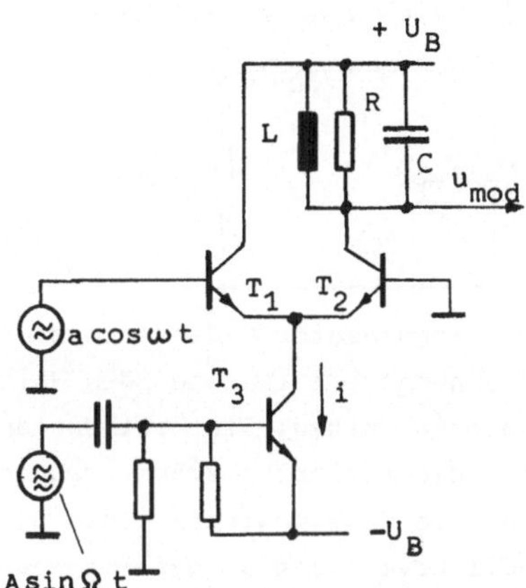

Bild 5.21

Schaltung zur Amplitu-
denmodulation mit Dif-
ferenzverstärker als
Multiplizierschaltung

<u>Demodulation der Amplitudenmodulation</u>. Am Empfangsort will man
das ursprüngliche Nachrichtensignal wiederherstellen. Dazu
muß die Modulation rückgängig gemacht werden; man muß das empfangene Signal demodulieren. Auch hierfür seien zwei Möglichkeiten gezeigt.

<u>Demodulation an nichtlinearer Kennlinie</u>. Gibt man auf eine
Schaltung mit nichtlinearer Kennlinie $u_a = a_1 u + a_2 u^2$, z.B.
eine Diodenschaltung nach Bild 5.22, ein amplitudenmodulier-
tes Signal $u = A \sin\Omega t + (a/2)\sin(\Omega - \omega)t + (a/2)\sin(\Omega + \omega)t$,
so erhält man durch einen Rechengang, der dem unter "Modula-
tion an nichtlinearer Kennlinie" enspricht, neben anderen Frequenzanteilen auch Anteile der Form $a_2 Aa \cos\omega t$. Diese Anteile sind das wiedergewonnene Nachrichtensignal. Die anderen
Anteile haben höhere Frequenzen und werden durch den Kondensator C in der Schaltung nach Bild 5.22 bedämpft.

<u>Hüllkurvendemodulator</u>. Wenn das amplitudenmodulierte Signal
große Amplitude hat, so wirkt die Schaltung nach Bild 5.22
wie ein idealer Einweggleichrichter. Man erhält daher eine
Spannung, deren Form in Bild 5.23 gezeigt ist. Ihr Wechsel-

anteil entspricht der Hüllkurve des modulierten Signals. Die
Hüllkurve aber enthält das aufmodulierte Nachrichtensignal.

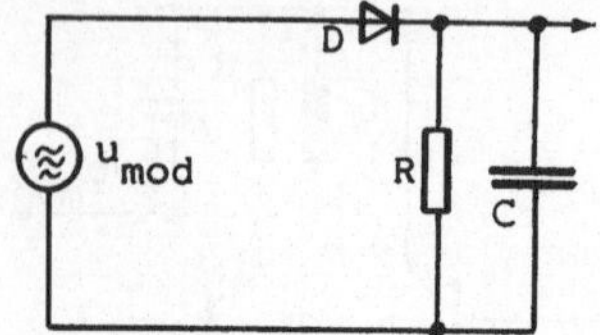

Bild 5.22

Schaltung zur Demodula-
tion der Amplitudenmodu-
lation

Der Kondensator C dient in diesem Fall dazu, den jeweiligen
Spannungswert zwischen den Halbschwingungen der Trägerspannung zu halten. Die Zeitkonstante RC muß daher größer sein
als die reziproke Trägerfrequenz; $\tau = RC > 1/\Omega$. Andererseits
muß die Zeitkonstante klein genug sein, damit die Täler der
Hüllkurve nicht aufgefüllt werden, wie in Bild 5.23 a angedeutet. Da die Änderungsgeschwindigkeit der Hüllkurve nicht

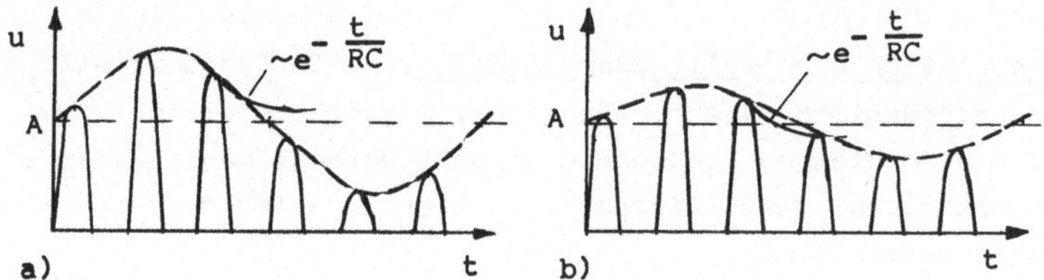

Bild 5.23   Zur Wahl der Demodulatorzeitkonstanten RC
a) großer, b) kleiner Modulationsgrad

nur von ihrer Kreisfrequenz ω , sondern auch von ihrer Amplitude, d.h. vom Modulationsgrad m abhängt, gilt für die Zeitkonstante

$$1/\Omega < \tau = RC < 1/(\omega m) \tag{5.31}$$

Für ω ist die höchste technisch bedeutsame Frequenz des Nachrichtensignals einzusetzen.

<u>Beispiel 5.1</u>

Eine Trägerspannung der Amplitude A = 10 V und der Frequenz
f = 1 MHz soll mit dem Modulationsgrad m = 40 % amplituden-
moduliert werden. Das Nachrichtensignal ist ein Sprachsignal

(300 Hz bis 3400 Hz)

a) Wie groß ist die erforderliche Amplitude des Sprachsignals?
Es ist nach Gl. (5.19) a = mA = 0,4 10 V = 4 V.

b) Wie groß sind maximale und minimale Amplitude des modulierten Signals?
Man findet A_{max} = A + a = 14 V und A_{min} = A - a = 6 V.

c) Wie groß ist die benötigte Sendeleistung, wenn die Übertragungsstrecke den Eingangswiderstand Z = 50 Ω hat?
Die Sendeleistung ist nach Gl. (5.24)

$$P = P_{Tr} + 2P_{Seit} = (10/\sqrt{2})^2(1/50)V^2/\Omega + 2(4/2\sqrt{2})^2(1/50)V^2/\Omega$$

$$= 1,08 \text{ W}$$

d) Wie groß muß die Zeitkonstante bei einem Hüllkurvendemodu-
lator gewählt werden?
Bei dem großen Unterschied zwischen Träger- und Signalfrequenz
wählt man einen Wert, der der reziproken Signalfrequenz näher
liegt als der reziproken Trägerfrequenz. Nach Gl. (5.31) muß
gelten $\tau < 1/m\omega_{max}$ = 1/(2π 3400 Hz·0,4) = 1,17·10^{-4}s. Man
wählt z.B. die Zeitkonstante $\tau = 10^{-5}$s.

e) Wie groß ist die erforderliche HF-Bandbreite?
Nach Gl. (5.23) ist $B_{HF} = \omega_{max}/\pi = 2f_{max}$ = 6800 Hz.

f) Spektrum, Zeiger- und Zeitbild der modulierten Trägerspan-
nung sind zu zeichnen.
Bild 5.24   zeigt das
Ergebnis.

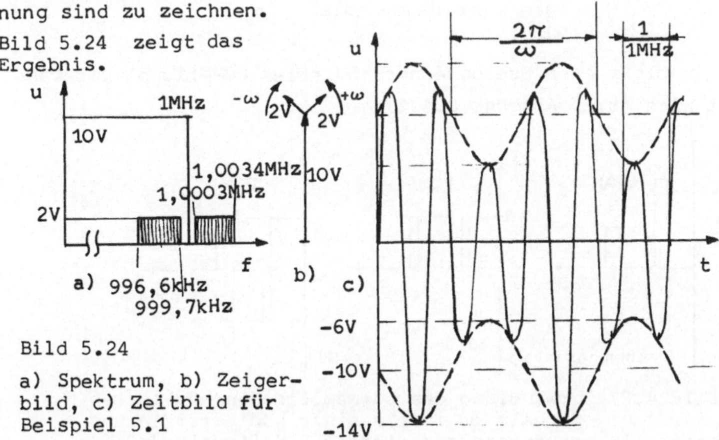

Bild 5.24

a) Spektrum, b) Zeiger-
bild, c) Zeitbild für
Beispiel 5.1

5.2.2 Pulskodemodulation

Die Pulskodemodulation (PCM) liefert ein Nachrichtensignal in
kodierter Form. Zunächst wird das Nachrichtensignal in ein
pulsamplitudenmoduliertes Signal überführt. Die Grundlage dafür bildet das in Abschn 3.4 besprochene Abtasttheorem. Bild
5.25 zeigt, wie durch Abtasten ein pulsamplitudenmoduliertes
Signal entsteht. Für das Abtasten verwendet man Abtast- und

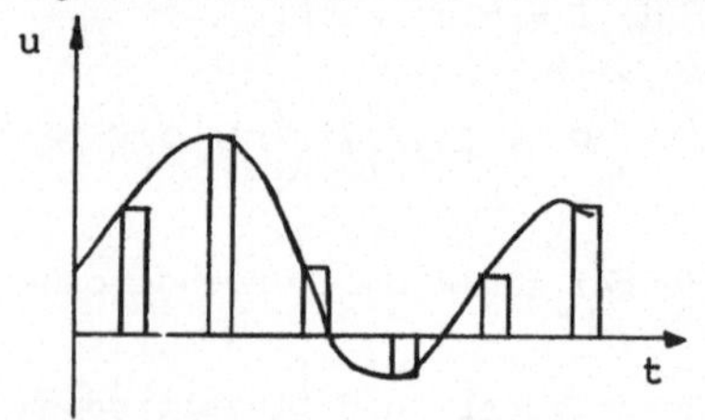

Bild 5.25

Abtastung des Signals
ergibt Pulsamplituden-
modulation

Halteschaltungen. Bild 5.26 zeigt eine solche Schaltung. Das
nach dem Abtasten vorliegende pulsamplitudenmodulierte Signal
(PAM) wird dann kodiert. Bild 5.27 zeigt, wie ein PAM-Signal

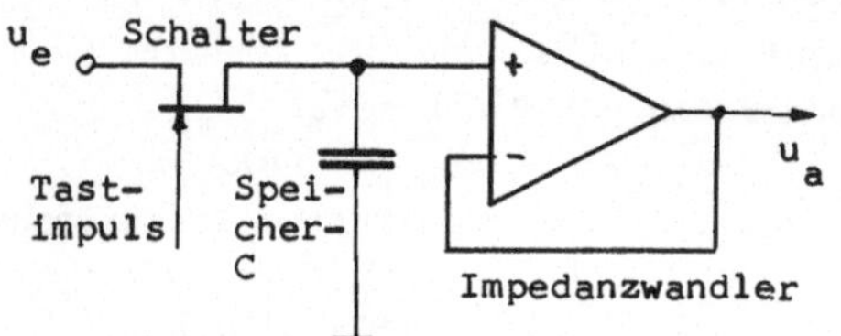

Bild 5.26

Abtast- und Halte-
schaltung

in ein binär oder pseudoternär kodiertes PCM-Signal umgewan-
delt wird (s.a. Abschn. 3.1.2)

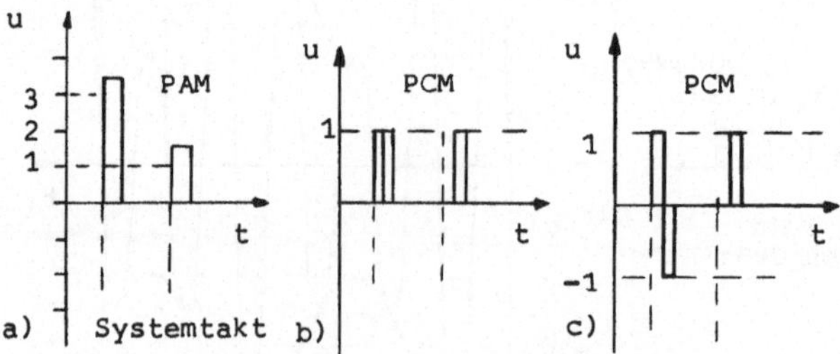

Bild 5.27 Umwandlung des pulsamplitudenmodulierten
Signals(a) in ein binär kodiertes(b) und
weiter in pseudoternär kodiertes PCM-Signal(c)

Die Umwandlung des PAM-Signals in das PCM-Signal wird mit Hilfe von <u>Analog-Digitalwandlern</u> durchgeführt. Von den vielen Wandlerprinzipien, die z.B. in der Meßtechnik verwendet werden, scheidet die Mehrzahl wegen der niedrigen Arbeitsgeschwindigkeiten für die Anwendung in der Nachrichtentechnik aus. Zwei Wandlerarten haben sich durchgesetzt.

Bild 5.28 zeigt den <u>Parallelwandler</u>. Die PAM-Amplitude wird hier mit einer "Meßlatte" aus Vergleichsspannungen gemessen, die mit Hilfe eines Widerstandsteilers aus einer Referenzspannung gewonnen werden. Parallel liegende Komparatoren und ein

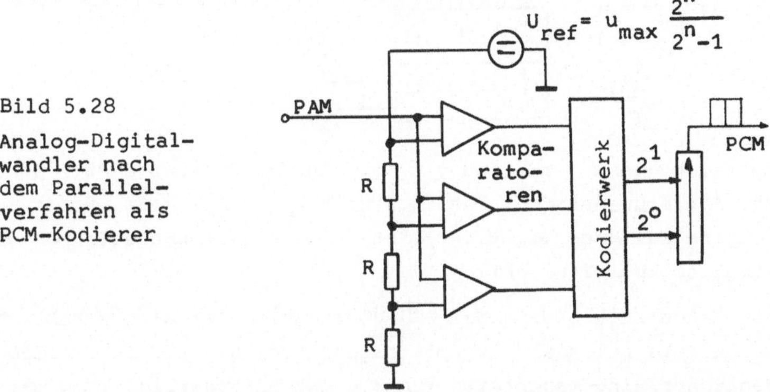

Bild 5.28

Analog-Digital-
wandler nach
dem Parallel-
verfahren als
PCM-Kodierer

digitales Kodierwerk liefern das kodierte Signal. Die Komparatoren sind Vergleichsschaltungen, die für den Fall gleicher Spannung an Referenz- und Meßeingang einen Ausgangsimpuls abgeben.

Der Parallelwandler ist für Signale mit Frequenzen bis zu etwa 80 MHz brauchbar. Sein Nachteil ist der große Aufwand, denn für eine Auflösung von n Bit werden $2^n - 1$ Vergleichsspannungen und Komparatoren benötigt.

Der zweite Wandler arbeitet nach dem <u>Wägeverfahren</u> und ist in Bild 5.29 gezeigt. Die PAM-Amplitude wird durch einen Komparator mit einer intern über einen Digital-Analog-Wandler erzeugten Spannung verglichen. Der Steuerteil setzt den Zähler von der höchsten Stelle abwärts so lange, bis die vom Zähler gesteuerte Spannung des Digital-Analog-Wandlers gleich der PAM-Amplitude ist. Dann stoppt der Komparator den Steuerteil. Der Zählerstand ist nun der kodierte Spannungswert. Dieser Wandler läßt sich für Signale mit Frequenzen bis zu einigen MHz einsetzen und findet weite Verwendung in der PCM-Telefonie. Für einen Telefonkanal beträgt nach CCITT (Comité Consultativ International Téléphonique et Télégraphique) die

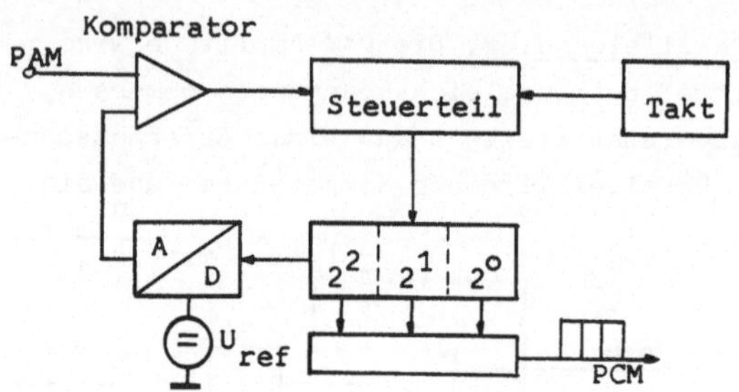

Bild 5.29
PCM-Kodierer
mit Analog-Digitalwandler
nach dem Wägeverfahren

Abtastfrequenz 8 kHz und die Amplitudenauflösung 8 Bit, d.h. 256 Amplitudenstufen. Danach sind 8 kHz·8 Bit = 64 kBit/s zu übertragen. Nach Gl. (3.42) ist dafür eine Bandbreite von minimal 32 kHz erforderlich.

Der Bandbreiteaufwand bei PCM-Übertragung ist also erheblich größer als bei analoger Übertragung, bei der für den Telefonkanal nur eine Bandbreite von 3,4 kHz erforderlich ist. Der große Vorteil der PCM-Übertragung liegt einmal in der hohen Störsicherheit (Gl.4.34) und zum anderen darin, daß die Vermittlungstechnik (s.Abschn. 6) digital arbeiten kann und somit für Rechnersteuerung besonders gut geeignet ist.

Durch die Analog-Digitalwandlung wird der Amplitudenwert quantisiert. Insbesondere bei kleinen Amplituden und grober Quantisierung entsteht eine Verfälschung dadurch, daß der analoge Wert einer Quantisierungsstufe zugeordnet wird. Dies äußert sich im Quantisierungsrauschen. Um es zu vermindern, benutzt man oft eine nichtlineare Kodierung, wie in Bild 5.30 gezeigt. Man wählt dabei für kleine Amplituden eine feinere Quantisierung als für große.

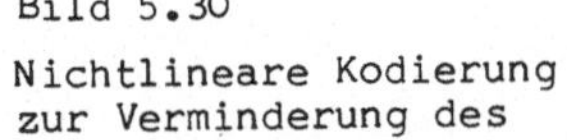

Bild 5.30

Nichtlineare Kodierung
zur Verminderung des
Quantisierungsrauschens

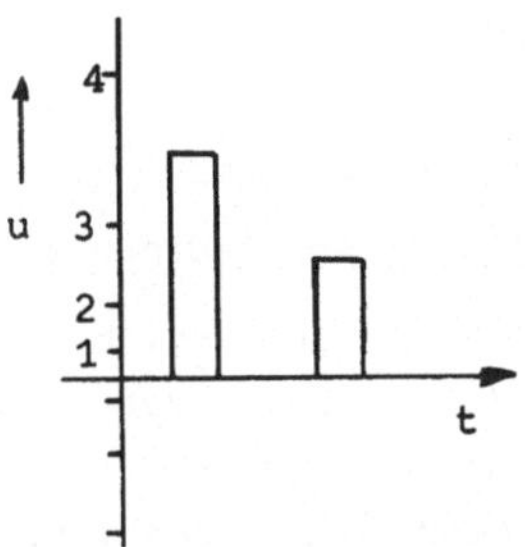

Bild 5.31 zeigt schließlich das Blockschaltbild eines PCM-Systems. Zusätzlich zu den bereits besprochenen Funktionsblöcken ist die Möglichkeit eines Multiplexbetriebes (hier mit zwei Kanälen) gezeigt. Man kann auf einer Leitung mehrere PCM-Kanäle ohne gegenseitige Störung übertragen, wenn man die zu den einzelnen Kanälen gehörenden Kodewörter zeitlich ineinanderschachtelt. Dazu müssen zwischen den Kodewörtern eines Kanals Zeitlücken bestehen, wie in Bild 5.27 bereits angedeutet ist. In diese Zeitlücken können die Kodewörter der anderen Kanäle eingefügt werden. Von besonderer Bedeutung ist dabei der Systemtakt, ohne den die Kodewörter nicht wieder den einzelnen Kanälen zugeordnet werden können.

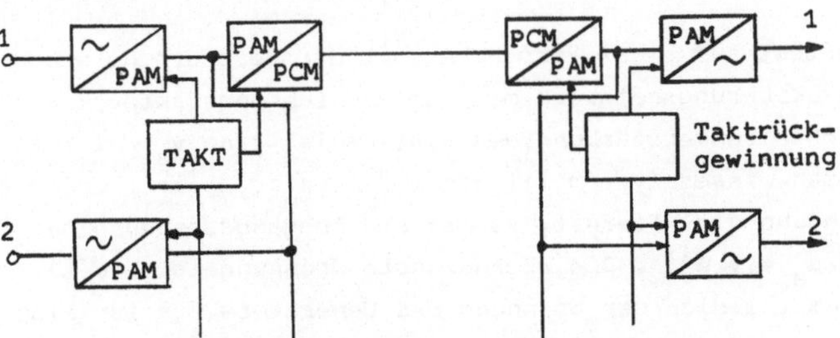

Bild 5.31   Blockschaltung eines PCM-Systems mit Multiplex (zeitliches Ineinanderschachteln der Kodewörter der einzelnen Kanäle)

5.3 Sender

5.3.1 Oszillatoren

5.3.1.1 Schwingbedingung

Ein Oszillator dient der Erzeugung elektrischer Schwingungen.
Wenn die Frequenz der Schwingung im hörbaren Bereich liegt,
spricht man auch von einem Tongenerator. Die erzeugte Schwingung dient als Trägerschwingung und wird, wie in Abschn. 5.2
besprochen, moduliert.

Elektrische Schwingungen werden in rückgekoppelten Systemen
erregt. Ein solches System einfachster Art zeigt Bild 5.32.

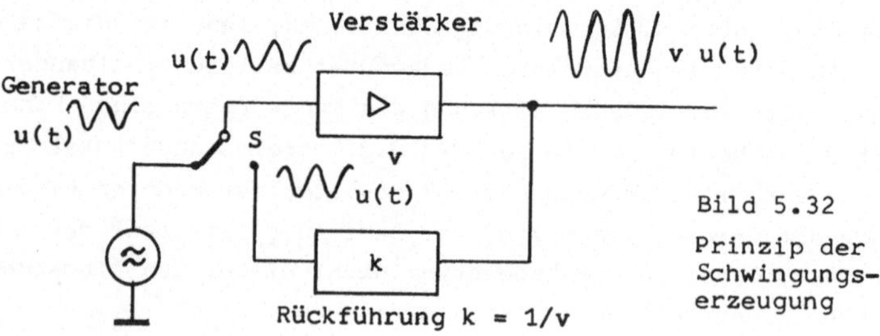

Bild 5.32

Prinzip der
Schwingungs-
erzeugung

Es besteht aus einem Verstärker mit der Verstärkung v und ei-
nem Rückführungsnetzwerk mit dem Rückführungsfaktor k = 1/v.
Die Schleifenverstärkung des Systems ist dann v_s = v k = 1.
Wenn man dieses System mit einem Generator speist, der die
Schwingung u(t) liefert, so ist die Ausgangsspannung des Systems u_a = v u(t). Die rückgeführte Spannung ist kvu(t) = u(t)
und somit gleich der Spannung des Generators. Es ist also für
das System ohne Belang, ob es aus dem Generator oder aus der
Rückführung gespeist wird; die Ausgangsspannung ist in beiden
Fällen gleich. Wenn es gelänge, den Schalter S beliebig
schnell von Stellung 1 nach 2 umzuschalten, würde das System
ohne äußere Ansteuerung weiterhin die Ausgangsspannung
u_a = v u(t) liefern.

Das System nach Bild 5.32 ist jedoch nicht praktisch brauchbar, denn u(t) ist weder der Amplitude noch der Frequenz nach definiert. Ein technisch verwendbares System muß demnach Elemente enthalten, die Frequenz und Amplitude bestimmen.

Wir betrachten ein System aus Verstärker und Rückführung nach Bild 5.33. Beide Funktionsblöcke werden durch ihre Übertragungsfunktionen beschrieben, z.B. ist $F_v = u_a/u_e'$ die Übertragungsfunktion des Verstärkers. Es gilt dann

$$u_a = F_v u_e' = F_v(u_{e(-)}^{+} F_R u_a) = F_v u_{e(-)}^{+} F_v F_R u_a \qquad (5.32)$$

oder

$$u_a(1 \underset{(+)}{-} F_v F_R) = F_v u_e$$

Für die Übertragungsfunktion F_{ges} des Systems folgt

$$F_{ges} = \frac{u_a}{u_e} = \frac{F_v}{1 \underset{(+)}{-} F_v F_R} \qquad (5.33)$$

Das eingeklammerte Vorzeichen gilt jeweils für den Fall gegenphasiger Rückführung ("Gegenkopplung").

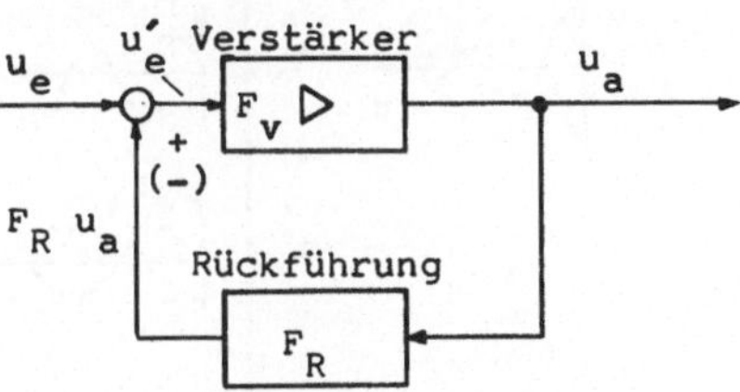

Bild 5.33

Verstärker mit
Rückführung

Wenn das System schwingen soll, muß es eine Ausgangsspannung u_a liefern, obwohl die Eingangsspannung $u_e = 0$ ist. Dies ist nur an den Stellen möglich, an denen $F_{ges} \to \infty$ gilt, also an den Polen von F_{ges}. Um diese zu ermitteln, suchen wir die Nullstellen des Nenners aus Gl. (5.33) auf

$$1 - F_v F_R = 0 \qquad (5.34)$$

Dies ist die charakteristische Gleichung des Systems. Zur Ermittlung der Nullstellen denken wir uns die Übertragungsfunktionen als Funktionen einer Variablen s:

$$F_v = F_v(s) \quad ; \quad F_R = F_R(s)$$

Der Nenner von F_{ges} ist somit eine reelle Funktion von s. Die Nullstellen s_o, d.h. die Lösungen der charakteristischen Gleichung, können daher aus mathematischen Gründen nur entweder selbst reell oder aber konjugiert komplex sein. Deutet man nun die Variable s als <u>komplexe Kreisfrequenz</u>

$$s = \sigma + j\omega \tag{5.35}$$

so korrespondiert mit der Nullstelle $s_o = \sigma_o + j\omega_o$ im Frequenzbereich folgende Spannung im Zeitbereich

$$u(t) \sim U_o \exp(\sigma_o t) \exp(j\omega_o t) \tag{5.36}$$

Die Lage der Nullstellen in der $\sigma - j\omega$ -Ebene bestimmt den zeitlichen Verlauf der Ausgangsspannung u_a des Systems. Die komplexe Kreisfrequenz $s = \sigma + j\omega$ stellt die vollständige Zeitabhängigkeit der Spannung nach Amplitudenverlauf

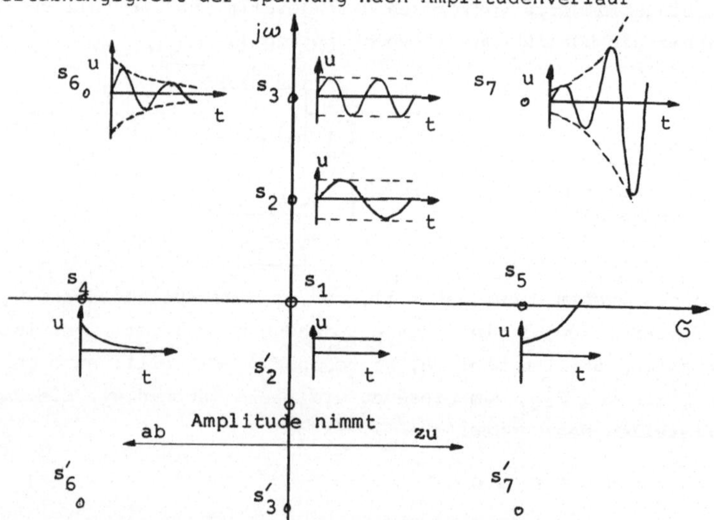

Bild 5.34 $\sigma - j\omega$ -Diagramm mit eingezeichneten Nullstellen und prinzipiellen zeitlichen Verläufen der zugehörigen Zeitfunktionen

(exp(σ t)) und Frequenz (exp(jω t)) dar. Zur Veranschauli-
chung zeigt Bild 5.34 die σ - jω -Ebene mit beispielhaft eingezeichneten Nullstellen und den zugehörigen prinzipiellen
zeitlichen Verläufen der Ausgangsspannung. Der Imaginärteil
ω_o bestimmt jeweils die Eigenkreisfrequenz des Systems, während der Realteil σ_o den zeitlichen Verlauf der Amplitude
kennzeichnet:

σ < 0 : abklingende Amplitude, keine Schwingungserzeugung

σ = 0 : konstante Amplitude

σ > 0 : ansteigende Amplitude

5.3.1.2 LC-Oszillatoren

Die im vorigen Abschnitt geforderte Frequenzabhängigkeit der
Gesamtübertragungsfunktion kann man durch LC- oder durch RC-
Schaltungen realisieren. Man spricht dann von LC- bzw. RC-Oszillatoren. Es gibt mehrere Arten von LC-Oszillatoren. Hier
soll die M e i ß n e r-Schaltung nach Bild 5.35 besprochen
werden. Da der innere Aufbau des Verstärkers hier ohne Belang

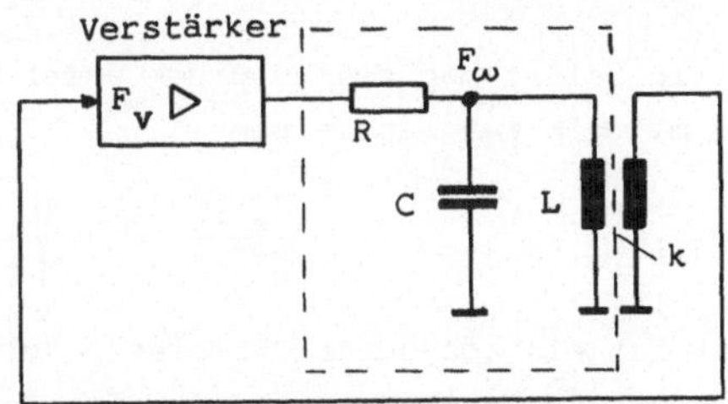

Bild 5.35

LC-Oszillator in
M e i ß n e r-
Schaltung.
k Kopplungsfaktor

ist, ist der Verstärker als Funktionsblock mit der Verstärkung v eingezeichnet. Die Frequenzbestimmung wird in dem mit
F_ω bezeichneten Block vorgenommen. Das Rückführungsnetzwerk
ist durch den Kopplungsfaktor k der beiden Spulen gekennzeichnet, es ist F_R = k. Die Übertragungsfunktion F_V setzt sich
aus der Verstärkung v und F_ω zusammen:

$$F_V = v \, F_\omega \tag{5.37}$$

F_ω kann bestimmt werden, indem man die durch die gestrichelte Linie zusammengefaßte Schaltung als Spannungsteiler be-

trachtet, der die Elemente R, $Z_C = 1/sC$ und $Z_L = sL$ enthält

$$F = \frac{\dfrac{sL\,(1/sC)}{sL + 1/sC}}{R + \dfrac{sL\,(1/sC)}{sL + 1/sC}} = \frac{(L/R)s}{1 + (L/R)s + LCs^2} \qquad (5.38)$$

Für die Übertragungsfunktion F_{ges} des Systems gilt dann mit Gl. (5.33)

$$F_{ges} = \frac{F_v}{1 - F_v k} = \frac{v(L/R)s}{1 + (1 - kv)(L/R)s + LCs^2} \qquad (5.39)$$

Die charakteristische Gleichung lautet damit

$$s^2 LC + s\,(1 - kv)(L/R) + 1 = 0 \qquad (5.40)$$

Aus der auf die Normalform gebrachten quadratischen Gleichung

$$s^2 + s\,\frac{(1 - kv)}{RC} + \frac{1}{LC} = 0$$

folgt für die Nullstellen

$$s_{o\,1,2} = -\frac{1 - kv}{2RC} \pm \sqrt{\frac{(1 - kv)^2}{4\,R^2 C^2} - \frac{1}{LC}}$$

Multipliziert man den Ausdruck unter der Wurzel mit -1, kann man mit $j = \sqrt{-1}$ schreiben

$$s_{o\,1,2} = -\frac{1 - kv}{2RC} \pm j\,\sqrt{\frac{1}{LC} - \frac{(1 - kv)^2}{4\,R^2 C^2}} \qquad (5.41)$$

Dies ist ein konjugiert komplexes Nullstellenpaar. Für $kv = 1$ wird der Realteil Null und der Imaginärteil liefert die Kreisfrequenz

$$\omega_o = \sqrt{1/LC} \qquad (5.42)$$

Wie zu erwarten war, ist dies die Resonanzkreisfrequenz des Schwingkreises LC.

Für sicheres Anschwingen muß σ positiv sein, d.h. $kv > 1$. Es ist also dafür zu sorgen, daß sich das Produkt kv für den eingeschwungenen Zustand auf den Idealwert 1 einstellen kann, weil sonst die Amplitude über alle Grenzen wachsen würde. Man macht daher, wie in Bild 5.36 gezeigt, die Verstärkung amplitudenabhängig. Die Amplitude nimmt dann so lange zu, bis der Schnittpunkt der beiden Kurven $u_a = vu_e$ und $u_a = u_e/k$ erreicht ist. Für den Schnittpunkt gilt $vu_e = u_e/k$; daraus folgt $kv = 1$. Die Amplitude der Oszillatorspannung beträgt dann, wie in Bild 5.36 eingezeichnet, u_{ao}.

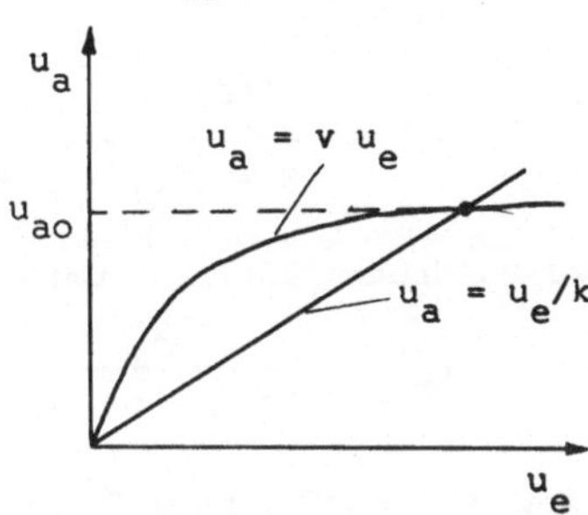

Bild 5.36

Amplitudenabhängige Verstärkung zur Einstellung der Schwingamplitude

5.3.1.3 RC-Oszillatoren

RC-Oszillatoren enthalten zur Frequenzbestimmung ein RC-Netzwerk. Sehr oft wird dazu eine W i e n-Brücke benutzt, so daß hier ein W i e n-Brücken-Oszillator besprochen werden soll. Bild 5.37 zeigt die Schaltung. Die Widerstände R bilden mit den Kondensatoren C den einen, die Widerstände R_1 und R_2 den anderen Brückenzweig. Im Nullzweig der Brücke liegen die Eingänge eines Differenzverstärkers, meist eines Operationsverstärkers (s. Abschn. 5.5.1.3), dessen Ausgangsspannung die Brückenspeisespannung bildet.

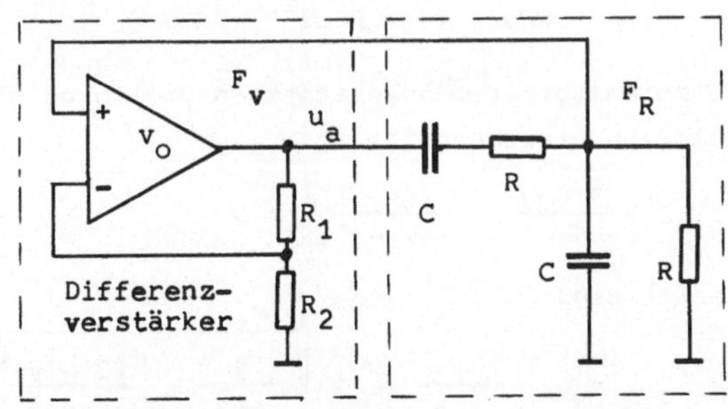

Bild 5.37   RC-Oszillator mit W i e n-Brücke

Man betrachtet die Schaltung zweckmäßig in zwei Teilen, die in Bild 5.37 durch gestrichelte Linien zusammengefaßt sind. Der mit F_v gekennzeichnete Teil ist ein gegengekoppelter Operationsverstärker, der mit F_R bezeichnete Teil bildet das Rückführungsnetzwerk. Es ist ein Spannungsteiler. Mit $Z_C = 1/sC$ ist dann

$$F_R = \frac{\dfrac{R/sC}{R + 1/sC}}{R + 1/sC + \dfrac{R/sC}{R + 1/sC}} \tag{5.43}$$

Dieser Ausdruck läßt sich umformen in

$$F_R = \frac{RCs}{RCs + (1 + RCs)^2} \tag{5.44}$$

Die Übertragungsfunktion F_v des gegengekoppelten Operationsverstärkers ist nach Gl. (5.33) mit den in Bild 5.38 eingetragenen Größen

$$F_v = v = \frac{u_a}{u_e} = \frac{v_o}{1 + kv_o} \quad \text{mit} \quad k = \frac{R_2}{R_1 + R_2} \tag{5.45}$$

Die Übertragungsfunktion des Gesamtsystems ist dann nach Gl. (5.33)

$$F_{ges} = \frac{v}{1 - v\,\dfrac{RCs}{RCs + (1 + RCs)^2}}$$

$$= v\,\frac{RCs + (1 + RCs)^2}{RCs + (1 + RCs)^2 - vRCs} \tag{5.46}$$

Die auf die Normalform der quadratischen Gleichung gebrachte charakteristische Gleichung ist

$$s^2 + s\,\frac{3 - v}{RC} + \frac{1}{R^2 C^2} = 0 \tag{5.47}$$

Die Nullstellen sind

$$s_{o\,1,2} = -\frac{3 - v}{2RC} \pm j\,\sqrt{\frac{1}{R^2 C^2} - \frac{(3 - v)^2}{4\,R^2 C^2}} \tag{5.48}$$

Dies ist wie in Abschn 5.3.1.2 ein konjugiert komplexes Nullstellenpaar. Der eingeschwungene Zustand, d.h. $\hat{\sigma} = 0$, wird bei der Verstärkung $v = 3$ erreicht. Auch hier ist wieder eine amplitudenabhängige Verstärkung erforderlich. In diesem Fall

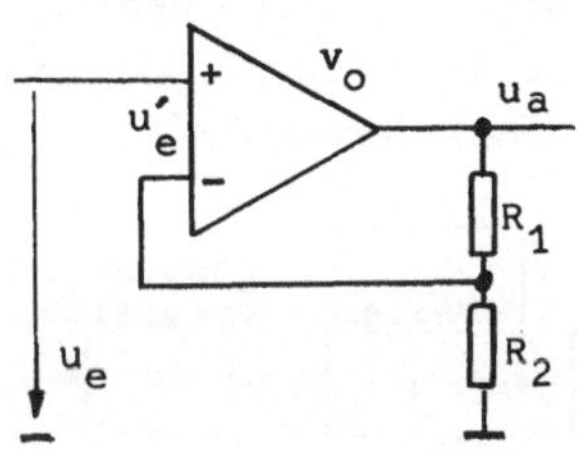

Bild 5.38

Gegengekoppelter
Operationsverstärker

kann die Abhängigkeit z.B. dadurch erreicht werden, daß man den Widerstand R_2 in Bild 5.38 mit positivem Temperaturkoeffizienten (PTC-Widerstand) ausbildet, der mit steigender Amplitude und damit steigender Verlustleistung und Temperatur seinen Widerstandswert erhöht. Dadurch steigt der Faktor k, und die Verstärkung wird kleiner. Als PTC-Widerstand eignet sich beispielsweise eine Glühlampe.

RC-Oszillatoren werden vorzugsweise bei niedrigen Frequenzen eingesetzt, etwa herauf bis zu Frequenzen von maximal 10 MHz. Der Frequenzbereich bis zu einigen GHz wird mit LC-Oszillatoren abgedeckt. Bei Frequenzen oberhalb etwa 500 MHz treten dabei Leitungsresonatoren an die Stelle konzentrierter Spulen und Kondensatoren. Bei sehr hohen Frequenzen versagen die Transistoren ihren Dienst als Verstärker. In diesem Bereich setzt man beispielsweise G u n n-Elemente zur Schwingungserzeugung ein.

Bei sehr hohen Anforderungen an die Frequenzkonstanz benutzt man Quarze zur Frequenzbestimmung. Quarze sind piezoelektrische Schwinger, deren elektrische Ersatzschaltung ein Schwingkreis außerordentlich hoher Güte ist. Quarzoszillatoren entsprechen daher den LC-Oszillatoren.

Die sehr konstanten (bis etwa 10^{-7}) Frequenzen von Quarzoszillatoren lassen sich als Referenz für Frequenzregelschal-

tungen benutzen. Solche Schaltungen gestatten es, durch Spannungen in ihrer Frequenz steuerbare Oszillatoren (VCO, für
englisch Voltage Controlled Oscillator) auf die Referenzfre-
quenz bzw. Teile oder Vielfache davon einzustellen. Ein Beispiel für eine solche Regelschaltung ist der Phasenregelkreis
nach Bild 5.39. In dieser Schaltung (PLL, von englisch Phase
Locked Loop) werden in einem Phasenvergleicher die Phasen der

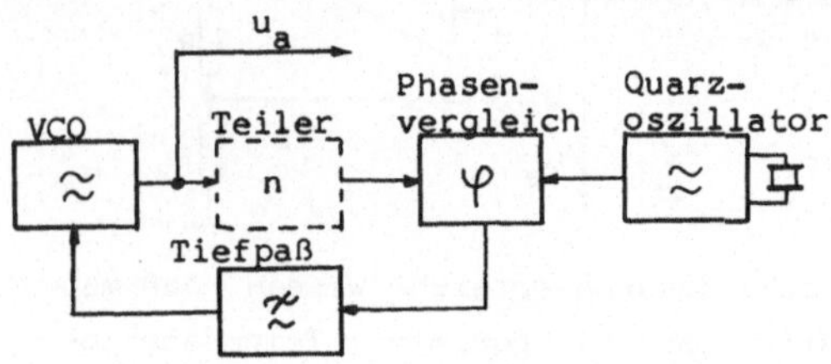

Bild 5.39

Frequenzregelung
mit Phasenregel-
kreis (PLL)

Referenzspannung und der, gegebenenfalls mit dem Teilerfaktor
n multiplizierten, Spannung des VCO verglichen. Eine etwaige
Abweichung erzeugt eine Regelspannung, die die Frequenz des
VCO über einen Tiefpaß nachstellt.

5.3.2 Frequenzvervielfachung

Die im Oszillator erzeugte Frequenz wird häufig noch mit Fre-
quenzvervielfachern heraufgesetzt. Dies hat seinen Grund einmal darin, daß es in den hohen Frequenzbereichen (ab etwa
500 MHz) aufwendig ist, die Frequenzen direkt zu erzeugen.
Auch die weitere Signalverarbeitung, z.B. Modulation, ist
hier schwieriger. Zum anderen gibt es Fälle, in denen die Vervielfachung direkt zur Signalverarbeitung beiträgt. Ein Beispiel für diesen Fall ist der Frequenzmodulator nach Bild
5.40. Der im Modulator erzeugte Frequenzhub $\Delta\Omega$ wird durch die

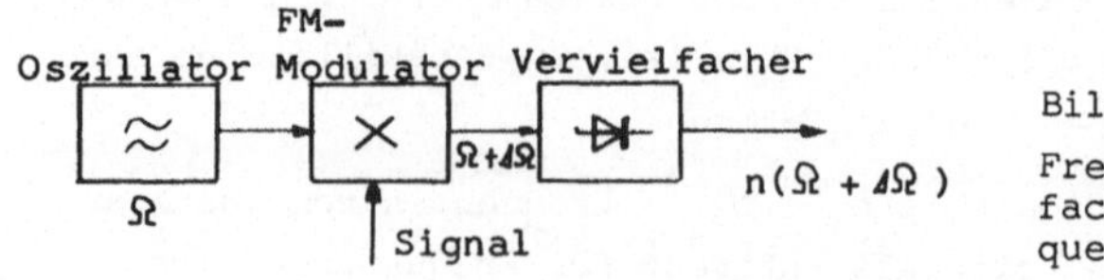

Bild 5.40

Frequenzverviel-
fachung bei Fre-
quenzmodulation

Vervielfachung um den Faktor n der Vervielfachung heraufgesetzt. Für andere Modulationsarten, z.B. AM, kann dieses Verfahren nicht angewendet werden, weil die Signalfrequenzen
ebenfalls vervielfacht würden

$$n(\Omega + \omega) = n\Omega + n\omega \qquad (5.49)$$

In solchen Fällen muß man nach Bild 5.41 die Frequenzvervielfachung vor dem Modulator durchführen.

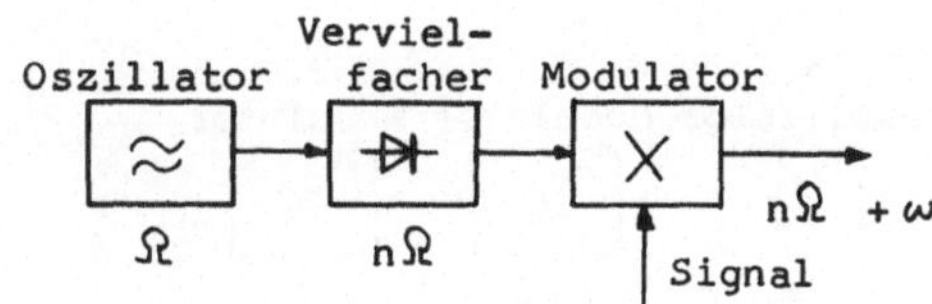

Bild 5.41

Frequenzverviel-
fachung bei Ampli-
tudenmodulation

Eine Frequenzvervielfachung um den Faktor n erreicht man dadurch, daß man die Spannung $u \sim \exp(j\Omega t)$ potenziert

$$u^n \sim \exp(jn\Omega t) \qquad (5.50)$$

Das Potenzieren kann man entweder mit Multiplizierschaltungen
oder an nichtlinearen Kennlinien verwirklichen (s.a. Gl.
(5.29) und (5.32)). Für die Vervielfachung bei hohen Frequenzen kommt vorzugsweise die Verwendung nichtlinearer Kennlinien in Frage. Bild 5.42 zeigt die Prinzipschaltung eines Fre-
quenzvervielfachers mit Diode. Als Dioden können sowohl solche benutzt werden, deren nichtlineare Strom-Spannungs-Kenn-
linie ausgenutzt werden kann, als auch <u>Kapazitätsdioden</u>, deren Sperrschichtkapazität in nichtlinearer Weise von der angelegten Sperrspannung abhängt. Wenn die Dioden besonders für

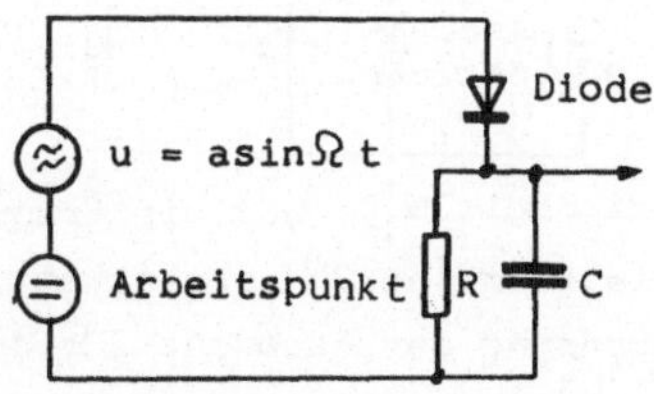

Bild 5.42

Frequenzvervielfacher mit
Diode. Schwingkreis abge-
stimmt auf $n\Omega$

diese Verwendung ausgelegt sind, heißen sie auch Varaktoren.

Statt einer Frequenzvervielfachung wird auch die <u>Aufwärtsmischung</u> benutzt, wie sie in Bild 5.43 gezeigt ist. Dabei wird eine durch einen ersten Oszillator und Modulator erzeugte amplitudenmodulierte Schwingung $\Omega_1 + \omega$ dazu benutzt, eine zweite, höhere Frequenz Ω_2 zu modulieren. Statt vom Modulieren spricht man auch vom Mischen zweier Frequenzen. Als obere Seitenfrequenz entsteht dann die um Ω_2 erhöhte Frequenz $\Omega_2 + \Omega_1 + \omega$.

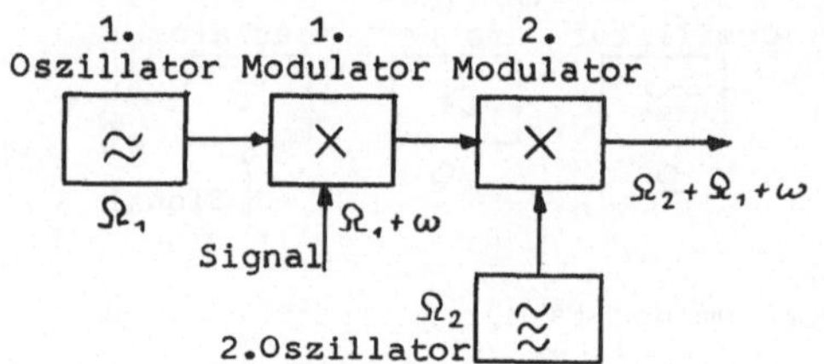

Bild 5.43

Aufwärtsmischung

Potenzieren und Mischen (s. Gl. (5.29)) kann an der selben Nichtlinearität auftreten, so daß man beide Effekte gleichzeitig nutzen kann. Wenn man beispielsweise eine Verdreifachung der Frequenz erreichen möchte, der Koeffizient a_3 der nichtlinearen Kennlinie (s. Gl. (4.7)) aber sehr klein ist, so kann man die gewünschte Frequenz mit einer Schaltung gewinnen, deren Prinzip in Bild 5.44 gezeigt ist. Im Unterschied zu Bild 5.42 enthält sie zwei Schwingkreise, von denen

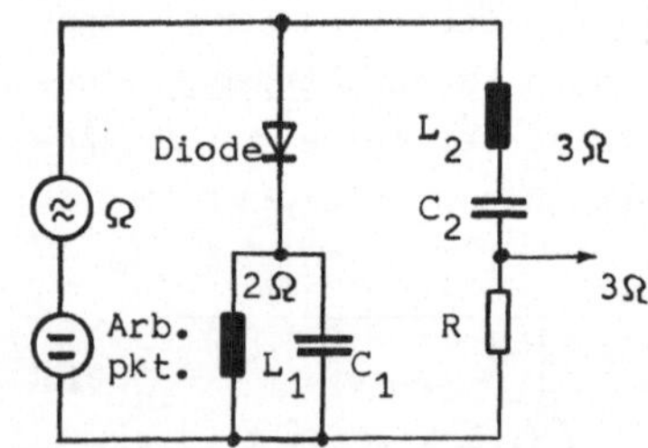

Bild 5.44

Frequenzvervielfachung durch gleichzeitiges Potenzieren und Mischen

der Kreis L_1C_1 auf die Frequenz $2\,\Omega$ und der Kreis L_2C_2 auf die Frequenz $3\,\Omega$ abgestimmt ist. Am Kreis L_1C_1 entsteht eine Spannung der Frequenz $2\,\Omega$ durch den quadratischen Teil der Diodenkennlinie. Diese Spannung wird mit der Generatorspan-

nung der Frequenz Ω gemischt, und es entsteht eine Spannungs-
komponente der Frequenz $2\Omega + \Omega = 3\Omega$. Diesen Anteil filtert
man mit dem Schwingkreis L_2C_2 heraus und erhält so die gewünschte Spannung. Andere Frequenzanteile, die ebenfalls an
der nichtlinearen Kennlinie entstehen, werden durch die
Schwingkreise weitgehend unterdrückt.

5.3.3 Sendeverstärker

Die Sendeverstärker stellen die für die Übertragung nötige
Leistung zur Verfügung. Besonders für Rundfunkübertragung im
Lang- und Mittelwellenbereich können die Leistungen sehr groß
werden, die Werte reichen etwa bis 1 MW. Daher gehören die
Sendeverstärker zu den wenigen Bereichen der Nachrichtentech-
nik, in denen der Leistungswirkungsgrad eine Rolle spielt.
Dieser Wirkungsgrad kann in der Nachrichtentechnik sehr klein
werden, beispielsweise $\eta = 10^{-24}$ bei der Bildübertragung vom
Mars.

Große Leistungen werden im Hochfrequenzbereich mit Elektro-
nenröhren erzeugt. Häufig werden Röhren schon bei relativ
kleinen Leistungen, etwa ab 10 W, eingesetzt, weil ihre Ener-
gieverträglichkeit größer als die von Transistoren ist. Bei
Fehlanpassung (s. Abschn. 5.4.1), z.B. durch eine versehent-
lich nicht angeschlossene Übertragungsleitung, sind Hochfre-
quenzleistungstransistoren durch die Reflexion der Sendeener-
gie stark gefährdet, während eine Senderöhre solche Energie-
impulse meist aufnehmen kann. Es sollen daher im folgenden
Röhrenverstärker besprochen werden. Bild 5.45 zeigt die Prinzipschaltung. Die Röhre wird am Gitter durch die Steuerspannung u_g ausgesteuert. Der Arbeitspunkt der Röhre wird durch
die Gittervorspannung U_{go} festgelegt. Der von der Glühkathode
emittierte und von der Steuerspannung u_g in seiner Dichte gesteuerte Elektronenstrom wird von der Anode aufgenommen, die
über den Arbeitswiderstand, im gezeichneten Fall den Schwingkreis RLC, an der Anodengleichspannung U_{ao} liegt. Statt der
hier gezeichneten Triode werden oft auch Strahltetroden (eng-

lisch beam-tetrode) verwendet, die größere Innenwiderstände
haben und größere Spannungsausnutzungen (Gl. (5.56)) zulassen.

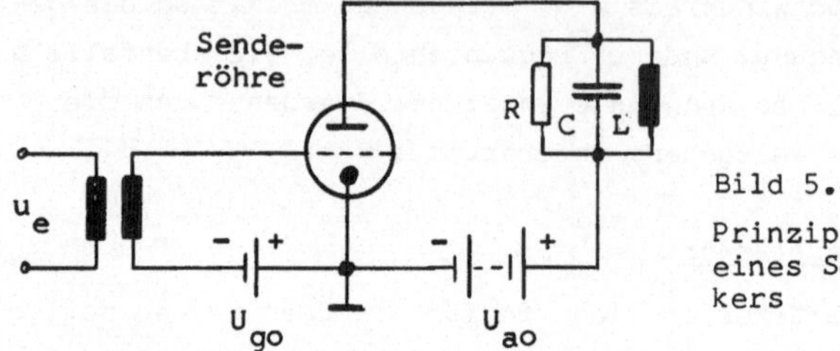

Bild 5.45

Prinzipschaltung
eines Sendeverstär-
kers

Eine Änderung der Steuerspannung u_g bewirkt eine Änderung des
Anodenstromes i_a. Nimmt man die Steilheit

$$S = di_a/du_g \qquad (5.51)$$

als konstant, also unabhängig von U_g, an und läßt andere Ein-
flüsse außer acht, so kann man die Röhre wie in Bild 5.46
durch eine lineare I_a/U_g-Kennlinie beschreiben. Dann gilt für
den Anodenstrom

$$i_a = S\,u_g \qquad (5.52)$$

Ist ferner der Arbeitswiderstand der Röhre R_a, so gilt für
die Verstärkung der Röhrenstufe

$$v = \frac{u_a}{u_g} = \frac{i_a R_a}{u_g} = \frac{S\,u_g\,R_a}{u_g} = SR_a \qquad (5.53)$$

Der Leistungswirkungsgrad η des Verstärkers hängt stark von
der Lage des Arbeitspunktes, d.h. von U_{go} ab. Je nach Lage
des Arbeitspunktes unterscheidet man, wie in Bild 5.46 gezeigt, die Betriebsarten A-, B- und C-Betrieb, die im folgenden besprochen werden.

<u>A-Betrieb</u>. Da man vermeiden möchte, daß die Gittergesamtspan-
nung positiv wird und somit Gitterstrom fließt, arbeitet man
im Bereich $U_g < 0$. Der Arbeitspunkt U_{go} liegt beim A-Betrieb
in der Mitte des möglichen Aussteuerbereiches. Der Anodenruhestrom hat den in Bild 5.46 a eingezeichneten Wert I_{ao}. Für
die der Stufe zugeführte Gleichstromleistung gilt

$$P_o = U_{ao} I_{ao} \tag{5.54}$$

Die Signalleistung am Ausgang ist

$$P_a = U_{aeff} I_{aeff} = \frac{1}{2} \hat{u}_a \hat{i}_a \tag{5.55}$$

Aus Bild 5.46 a ist zu ersehen, daß $i_a = I_{ao}$ ist. Für den Wirkungsgrad gilt dann

$$\eta = \frac{P_a}{P_o} = \frac{1}{2} \frac{\hat{u}_a \hat{i}_a}{U_{ao} I_{ao}} = \frac{1}{2} \frac{\hat{u}_a}{U_{ao}} \tag{5.56}$$

Der Quotient $\hat{u}_a / U_{ao}$ heißt Spannungsausnutzung. Der A-Betrieb hat einen Vorteil; er liefert unter den hier gemachten idealisierenden Voraussetzungen eine unverzerrte Ausgangsspannung. Der Wirkungsgrad ist aber kleiner als bei den folgenden Betriebsarten.

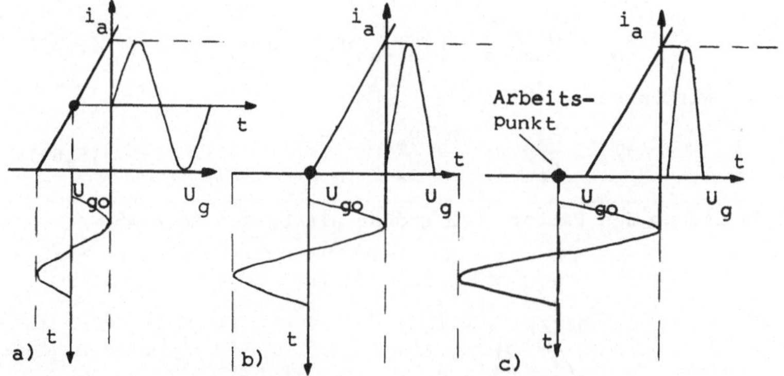

Bild 5.46 Betriebsarten und zugehörige Lage des Arbeitspunktes im I_a/U_g-Kennlinienfeld
a) A-Betrieb, b) B-Betrieb, c) C-Betrieb

<u>B-Betrieb.</u> Hier liegt der Arbeitspunkt, wie aus Bild 5.46 b ersichtlich, am Anfang der I_a/U_g-Kennlinie. Nur noch die positiven Halbschwingungen der Steuerspannung u_g bewirken einen Anodenstrom. Dieser und damit auch die Ausgangsspannung sind also stark verzerrt. Man kann aber durch einen Schwingkreis als Arbeitswiderstand dafür sorgen, daß nur der Grundschwingungsanteil des Anodenstromes eine Ausgangsspannung erzeugt.

Die Oberschwingungen tragen dann nicht zur Leistungsbilanz
bei. Die Ausgangsleistung ist wieder

$$P_a = \frac{1}{2}\,\hat{u}_a\,\hat{i}_a$$

Nach Tafel 3.16 hat die Grundschwingung eines Sinusstromes
nach Einweggleichrichtung die Hälfte der Amplitude der Halb-
schwingung. Es gilt also mit den Bezeichnungen aus Bild 5.47

$$\hat{i}_a = \hat{I}_a/2 \tag{5.57}$$

Der Anodenruhestrom ist jetzt von der Aussteuerung abhängig;
er verschwindet für $u_g = 0$. Es ist

$$I_{ao} = \hat{I}_a\,\frac{1}{T}\int_0^{T/2}\sin\Omega t\,dt = \hat{I}_a/\pi \tag{5.58}$$

Die Gleichstromleistung ist

$$P_o = U_{ao}I_{ao} = U_{ao}\hat{I}_a/\pi = 2\,U_{ao}\hat{i}_a/\pi \tag{5.59}$$

Der Wirkungsgrad ist somit

$$\eta = \frac{P_a}{P_o} = \frac{\pi}{4}\,\frac{u_a}{U_{ao}} \tag{5.60}$$

Er ist um den Faktor $\pi/2$ größer als beim A-Betrieb.

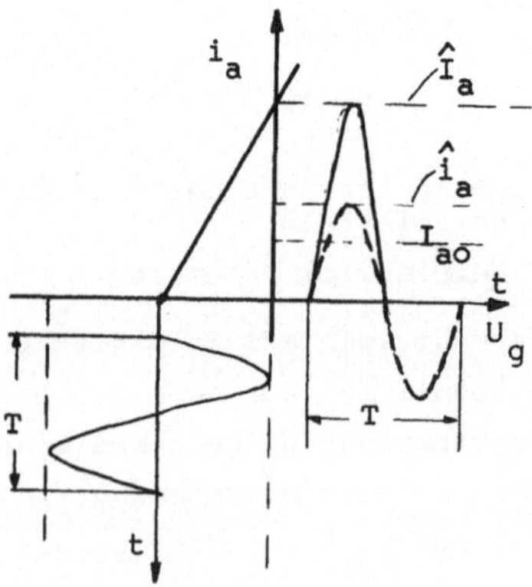

Bild 5.47

Ströme beim
B-Betrieb

<u>C-Betrieb</u>. Für den C-Betrieb legt man den Arbeitspunkt unter den Fußpunkt der I_a/U_g-Kennlinie, wie Bild 5.46 c zeigt. Der Anodenstrom fließt daher nur noch während eines Teils der positiven Halbschwingung der Steuerspannung. Diesen Teil kennzeichnet man mit dem Stromflußwinkel θ . Beim A-Betrieb wird die volle Periode ausgesteuert; es ist $\theta = 2\pi$. Beim B-Betrieb mit der halb ausgesteuerten Periode ist $\theta = \pi$. Im C-Betrieb ist $\theta < \pi$. Dies führt, wie sich zeigen läßt (s. z.B. /8/) zu noch höheren Wirkungsgraden als beim B-Betrieb. Für eine Spannungausnutzung $u_a/U_{ao} = 1$ und den Stromflußwinkel $\theta = 70^o$ ist beispielsweise $\eta = 86,3\ \%$.

<u>Gegentaktverstärker</u>. Die oben beschriebenen Betriebsarten lassen sich nicht nur in den besprochenen Eintaktverstärkern, sondern auch in Gegentaktverstärkern einstellen, deren Prinzipschaltung in Bild 5.48 gezeigt ist. Man verwendet dabei zwei Verstärker, die für die Gleichspannungen parallel, für die Wechselspannungen aber in Serie geschaltet sind. Die re-

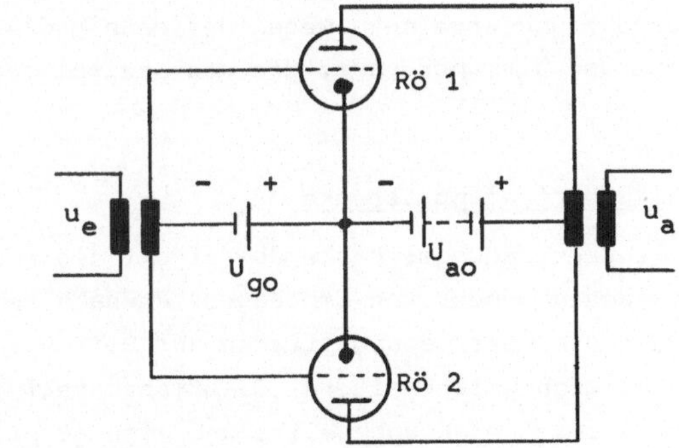

Bild 5.48

Gegentakt-
verstärker

sultierende Kennlinie ergibt sich wie in Bild 5.49 gezeigt. Die Kennlinien der beiden Röhren werden durch die Gittervorspannung U_{go} gegeneinander verschoben. Im hier gezeichneten Fall liegt U_{go} jeweils im Fußpunkt der Kennlinie, so daß sich als Resultierende die Kennlinie des Gegentakt-B-Verstärkers aus beiden Teilkennlinien zusammensetzt. Man erkennt, daß jetzt auch für den B-Betrieb eine unverzerrte Verstärkung möglich ist. Der Wirkungsgrad wird durch die Gegentaktschaltung nicht erhöht. Gleichartige Nichtlinearitäten heben sich bei der Addition der Teilkennlinien gegenseitig auf. Die nichtlinearen Verzerrungen des Gegentaktverstärkers sind daher kleiner als die des Eintaktverstärkers. Insbesondere bei Breitbandverstärkern, in denen keine Schwingkreise verwendet werden können, ist dies von Bedeutung. Gegentaktverstärker

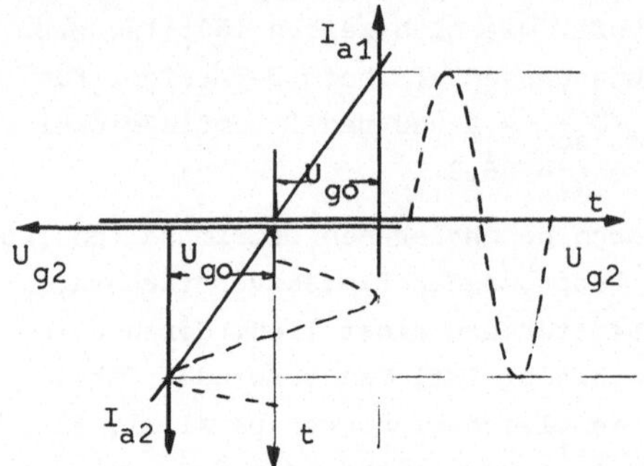

Bild 5.49

Gesamtkennlinie des Gegentaktverstärkers

können daher für gleiche Verzerrungen weiter ausgesteuert werden und erreichen wegen der dann größeren Spannungsausnutzung Wirkungsgrade, die den maximal möglichen nahekommen.

5.4 Übertragungsstrecke

Die Übertragungsstrecke überbrückt die räumliche Entfernung zwischen Sender und Empfänger. Je nach den Erfordernissen kann die Übertragungsstrecke aus Leitungen, Funkverbindungen oder Lichtwellenleitern (Glasfaserkabel) gebildet sein. Bild 5.50 zeigt eine ungeteilte und eine geteilte Übertragungsstecke. Es brauchen dabei nicht alle Teilstrecken gleichartig

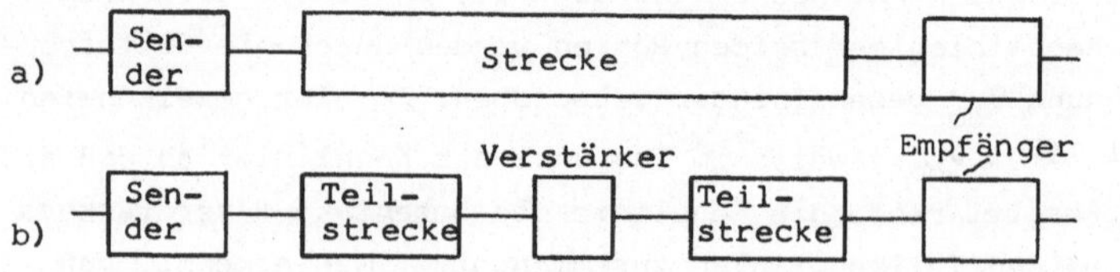

Bild 5.50   Übertragungsstrecke
            a) ungeteilt, b) durch Verstärker aufgeteilt

zu sein. So kann z.B. eine Fernsprechverbindung zunächst über
verseilte Kupferleitungen, dann über Koaxialkabel oder Richt-
funkstrecke und schließlich wieder über Drahtleitungen geführt
werden. Der in Bild 5.50 b gezeichnete Verstärker enthält dann
auch Funktionen von beispielsweise Modulator oder Sender.

5.4.1 Leitungen

Leitungen sind die klassische Form der Übertragungsstrecke.
Sie werden bei jeder Übertragungsart wenigstens stückweise
verwendet, so daß ihre Besprechung von grundlegender Bedeutung ist. Überdies lassen sich die gewonnenen Ergebnisse auf
andere Bereiche, z.B. die hier nicht besprochenen Hohlleiter
(s. z.B. /4/), übertragen.
Bei Leitungslängen, die nicht mehr kurz gegenüber 1/4 der Wellenlänge der zu übertragenden Spannung sind, genügt es im allgemeinen nicht mehr, die Leitung nur als Widerstand und evtl.
noch als Kondensator zu betrachten, sondern man muß die vier
Leitungsgrößen Längswiderstand R, Längsinduktivität L, Quer-
leitwert G und Querkapazität C berücksichtigen. Bei homogenen
Leitungen sind diese Größen gleichmäßig auf die Leitungslänge
verteilt, so daß man mit den auf die Länge bezogenen Größen,
den Leitungsbelägen, rechnet. Diese sind der Widerstandsbelag
R', der Induktivitätsbelag L', der Ableitungsbelag G' und der
Kapazitätsbelag C'. Zahlenangaben dieser Werte sind immer auf
1 km bezogen.

Bild 5.51 zeigt ein Leitungsstück der Länge dx. Für die dort
eingezeichneten Elemente gilt dann $R = R'dx$, $L = L'dx$,
$G = G'dx$ und $C = C'dx$.

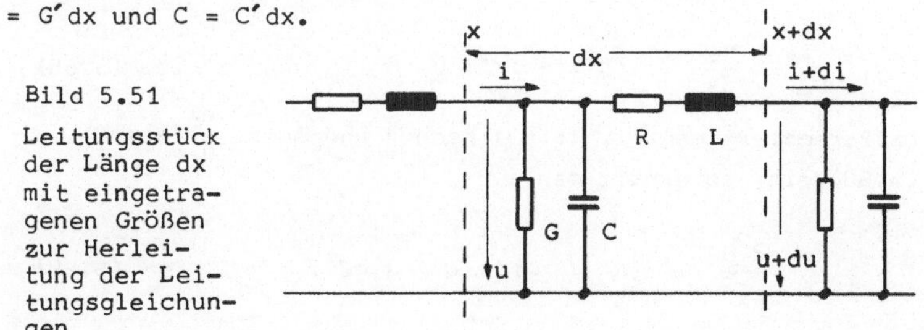

Bild 5.51

Leitungsstück
der Länge dx
mit eingetra-
genen Größen
zur Herlei-
tung der Lei-
tungsgleichun-
gen

Strom und Spannung am Anfang des Leitungsstückchens seien i bzw. u. Die Stromänderung di wird durch die Ableitungen an C und G verursacht

$$di = - (G' dx\, u + C' dx\, \frac{\partial u}{\partial t}) = \frac{\partial i}{\partial x} dx \qquad (5.61)$$

Die Spannungsänderung du ist der Spannungsabfall an R und L

$$du = - (R' dx\, i + L' dx\, \frac{\partial i}{\partial t}) = \frac{\partial u}{\partial x} dx \qquad (5.62)$$

Das Minuszeichen deutet jeweils die Abnahme an. Aus diesen Gleichungen erhält man

$$- \frac{\partial u}{\partial x} = R' i + L' \frac{\partial i}{\partial t} \qquad (5.63)$$

$$- \frac{\partial i}{\partial x} = G' u + C' \frac{\partial u}{\partial t} \qquad (5.64)$$

Dies sind partielle, lineare Differentialgleichungen der Ortsvariablen x und der Zeit t. Wenn man sich auf sinusförmige Spannungen und Ströme beschränkt, so kann man sie in gewöhnliche Differentialgleichungen überführen. Mit den Größen

$$\underline{I} = \underline{\hat{I}}\ \exp\,(j\omega t) \quad \text{und}\ \underline{U} = \underline{\hat{U}}\ \exp\,(j\omega t)$$

wird

$$\frac{\partial I}{\partial t} = j\omega \underline{\hat{I}}\ \exp\,(j\omega t) = j\omega \underline{I} \qquad (5.65)$$

und

$$\frac{\partial U}{\partial t} = j\omega \underline{U} \qquad (5.66)$$

Damit lauten die Gleichungen (5.63) und (5.64)

$$- \frac{dU}{dx} = (R' + j\omega L')\ \underline{I} \qquad (5.67)$$

$$- \frac{d\underline{I}}{dx} = (G' + j\omega C')\ \underline{U} \qquad (5.68)$$

Differenziert man Gl. (5.67) nach x und setzt $\frac{d\underline{I}}{dx}$ aus Gl. (5.68) ein, so erhält man

$$\frac{d^2 U}{dx^2} = (R' + j\omega L')(G' + j\omega C')\ \underline{U} \qquad (5.69)$$

$$- 117 -$$

Entsprechend gilt für den Strom

$$\frac{d^2 \underline{I}}{dx^2} = (R' + j\omega L')(G' + j\omega C')\, \underline{I} \qquad (5.70)$$

Dies sind lineare Differentialgleichungen 2. Ordnung. Für ihre Lösung macht man einen Exponentialansatz

$$\underline{U} = \underline{U}_1 \exp(-\gamma x) + \underline{U}_2 \exp(+\gamma x) \qquad (5.71)$$

Durch zweimaliges Differenzieren nach x folgt aus diesem Lösungsansatz

$$\frac{d^2 \underline{U}}{dx^2} = \gamma^2 (\underline{U}_1 \exp(-\gamma x) + \underline{U}_2 \exp \gamma x) = \gamma^2 \underline{U} \qquad (5.72)$$

Ein Vergleich mit Gl. (5.69) zeigt, daß der Ansatz Gl. (5.71) dann eine Lösung der Differentialgleichung darstellt, wenn gilt

$$\gamma^2 = (R' + j\omega L')(G' + j\omega C') \qquad (5.73)$$

Der Ausdruck $\gamma = \sqrt{(R' + j\omega L')(G' + j\omega C')}$ heißt Ausbreitungskoeffizient. Er setzt sich aus Real- und Imaginärteil zusammen

$$\gamma = \alpha + j\beta \qquad (5.74)$$

α ist die Dämpfungskonstante, β die Phasenkonstante. Aus der Ableitung des Lösungsansatzes Gl. (5.71) nach x und Gl. (5.67) erhält man

$$\frac{dU}{dx} = -\gamma \underline{U}_1 \exp(-\gamma x) + \gamma \underline{U}_2 \exp(\gamma x) =$$
$$= - (R' + j\omega L')\, \underline{I} \qquad (5.75)$$

Der Lösungsansatz für Gl. (5.70) ist analog zu Gl. (5.71)

$$\underline{I} = \underline{I}_1 \exp(-\gamma x) + \underline{I}_2 \exp \gamma x \qquad (5.76)$$

Setzt man ihn in Gl. (5.75) ein, so erhält man

$$\frac{dU}{dx} = -\gamma \underline{U}_1 \exp(-\gamma x) + \gamma \underline{U}_2 \exp \gamma x =$$
$$= - (R' + j\omega L')\, \underline{I}_1 \exp(-\gamma x) - (R' + j\omega L')\, \underline{I}_2 \exp \gamma x \qquad (5.77)$$

Daraus folgen durch Koeffizientenvergleich die Beziehungen

$$\underline{U}_1 = (R' + j\omega L')\,\underline{I}_1 \tag{5.78}$$

und

$$\underline{U}_2 = -(R' + j\omega L')\,\underline{I}_2 \tag{5.79}$$

Die Größen $\underline{U}_1$, $\underline{I}_1$ bzw. $\underline{U}_2$, $\underline{I}_2$ kann man als auf der Leitung hinlaufende bzw. rücklaufende Spannungs- oder Stromwellen deuten. Für das Verhältnis von Spannung und Strom gilt jeweils

$$\frac{\underline{U}_1}{\underline{I}_1} = -\frac{\underline{U}_2}{\underline{I}_2} = \frac{R' + j\omega L'}{\gamma} = \sqrt{\frac{R' + j\omega L'}{G' + j\omega C'}} = \frac{\underline{U}_x}{\underline{I}_x} = \underline{Z}_L \tag{5.80}$$

Die Größe $\underline{Z}_L$ heißt __Wellenwiderstand__. Er ist für jede Leitung charakteristisch und gibt das Verhältnis von Spannung zu Strom an jeder Stelle der Leitung an.

Zur vollständigen Lösung der Differentialgleichung Gl. (5.69) fehlt noch die Bestimmung der Amplituden von hin- bzw. rücklaufender Welle $\underline{U}_1$ bzw. $\underline{U}_2$. Nach den Lösungsansätzen Gl. (5.71) und (5.76) ist für $x = 0$

$$\underline{U} = \underline{U}_1 + \underline{U}_2 \qquad \underline{U}_1 = \underline{U} - \underline{U}_2 \tag{5.81}$$

und

$$\underline{I} = \underline{I}_1 + \underline{I}_2 \qquad \underline{I}_1 = \underline{I} - \underline{I}_2 \tag{5.82}$$

Multipliziert man Gl. (5.82) mit dem Wellenwiderstand, so wird

$$\underline{Z}_L\,\underline{I}_1 = \underline{Z}_L\,\underline{I} - \underline{Z}_L\,\underline{I}_2 \qquad \underline{U}_1 = \underline{Z}_L\,\underline{I} + \underline{U}_2 \tag{5.83}$$

Die Addition von Gl. (5.81) und (5.83) liefert

$$2\,\underline{U}_1 = \underline{U} + \underline{Z}_L\,\underline{I} \qquad \underline{U}_1 = \frac{\underline{U} + \underline{Z}_L\,\underline{I}}{2} \tag{5.84}$$

Die Subtraktion von Gl. (5.83) und (5.81) ergibt

$$2\,\underline{U}_2 = \underline{U} - \underline{Z}_L\,\underline{I} \qquad \underline{U}_2 = \frac{\underline{U} - \underline{Z}_L\,\underline{I}}{2} \tag{5.85}$$

$\underline{U}_1$ und $\underline{U}_2$ sind die Amplituden der hinlaufenden und der rücklaufenden Spannungswelle in Abhängigkeit von der Spannung $\underline{U}$ am Anfang der Leitung. Setzt man sie in den Lösungsansatz Gl. (5.71) ein, so erhält man

$$\underline{U}_x \;=\; \frac{\underline{U} + \underline{Z}_L \underline{I}}{2}\, \exp(-\gamma x) \;+\; \frac{\underline{U} - \underline{Z}_L \underline{I}}{2}\, \exp \gamma x \qquad (5.86)$$

Entsprechend gilt für den Strom

$$\underline{I}_x \;=\; \frac{\underline{U} + \underline{Z}_L \underline{I}}{2\,\underline{Z}_L}\, \exp(-\gamma x) \;+\; \frac{\underline{U} - \underline{Z}_L \underline{I}}{2\,\underline{Z}_L}\, \exp \gamma x \qquad (5.87)$$

Dies sind die Leitungsgleichungen, sie beschreiben Spannung
und Strom an der Stelle x der Leitung in Abhängigkeit von
Spannung bzw. Strom am Leitungsanfang. Durch Zusammenfassen
der Exponentialfunktionen in Gl. (5.86) und (5.87) zu Hyper-
belfunktionen erhält man folgende Form der Leitungsgleichungen

$$\underline{U}_x \;=\; \underline{U} \cosh \gamma x \;-\; \underline{Z}_L \underline{I} \sinh \gamma x \qquad\qquad (5.88)$$

$$\underline{I}_x \;=\; \underline{I} \cosh \gamma x \;-\; \frac{\underline{U}}{\underline{Z}_L} \sinh \gamma x \qquad\qquad (5.89)$$

Wir wollen nun zwei wichtige Größen berechnen:

__a) Eingangswiderstand der Leitung.__ Der Eingangswiderstand
der Leitung bestimmt das Verhältnis von Spannung und Strom
am Leitungsanfang. Wir haben ihn bereits bei der Leistungs-
berechnung Gl. (5.24) benutzt. Er soll an Hand von Bild 5.52
berechnet werden. Das Bild zeigt eine mit dem Widerstand $\underline{Z}_2$
abgeschlossene Leitung der Länge 1. An der Stelle x = 1 gilt

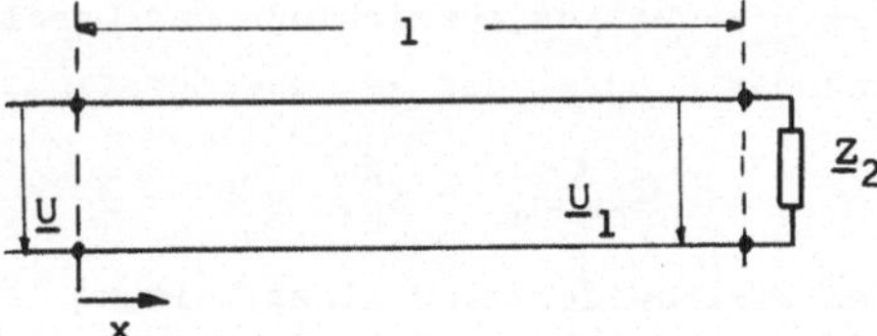

Bild 5.52

Zur Berechnung des
Eingangswiderstan-
des der Leitung

mit Gl. (5.88) und (5.89)

$$\underline{U}_1 \;=\; \underline{U} \cosh \gamma 1 \;-\; \underline{Z}_L \underline{I} \sinh \gamma 1$$

und $\qquad\qquad\qquad\qquad\qquad\qquad\qquad\qquad\qquad (5.90)$

$$\underline{I}_1 \;=\; \underline{I} \cosh \gamma 1 \;-\; \frac{\underline{U}}{\underline{Z}_L} \sinh \gamma 1$$

Durch Auflösen dieser Gleichungen nach den Eingangsgrößen $\underline{U}$
und $\underline{I}$ und Bilden des Quotienten erhält man den Eingangswider-

stand

$$\underline{Z}_e = \frac{\underline{U}}{\underline{I}} = \frac{\underline{U}_1 \, \cosh \gamma 1 + \underline{I}_1 \, \underline{Z}_L \sinh \gamma 1}{\underline{I}_1 \, \cosh \gamma 1 + \frac{\underline{U}_1}{\underline{Z}_L} \sinh \gamma 1} \qquad (5.91)$$

Durch Erweitern mit

$$\frac{\underline{U}_1}{\underline{I}_1} \; \frac{\underline{I}_1 \, \cosh \gamma 1}{\underline{U}_1 \, \cosh \gamma 1} = \underline{Z}_2 \frac{\underline{I}_1 \, \cosh \gamma 1}{\underline{U}_1 \, \cosh \gamma 1} = 1$$

wird aus Gl. (5.91)

$$\underline{Z}_e = \underline{Z}_2 \; \frac{1 + \dfrac{\underline{Z}_L}{\underline{Z}_2} \tanh \gamma 1}{1 + \dfrac{\underline{Z}_2}{\underline{Z}_L} \tanh \gamma 1} \qquad (5.92)$$

Gl.(5.92) liefert den Eingangswiderstand der Leitung bei bekanntem Wellenwiderstand $\underline{Z}_L$ und bekanntem Abschlußwiderstand

$$\underline{Z}_2 = \frac{\underline{U}_1}{\underline{I}_1}$$

Wichtige Sonderfälle sind:

$$\underline{Z}_2 = \underline{Z}_L \qquad \underline{Z}_e = \underline{Z}_2 = \underline{Z}_L \qquad \text{Anpassung}$$

$$\underline{Z}_2 = 0 \qquad \underline{Z}_{ek} = \underline{Z}_L \tanh \gamma 1 \quad \text{Kurzschluß}$$

$$\underline{Z}_2 \to \infty \qquad \underline{Z}_{el} = \underline{Z}_L \coth \gamma 1 \quad \text{Leerlauf}$$

Das Produkt aus Kurzschluß- und Leerlaufeingangswiderstand ist das Quadrat des Wellenwiderstandes

$$\underline{Z}_{ek} \, \underline{Z}_{el} = \underline{Z}_L^2 \qquad \text{oder} \qquad \underline{Z}_L = \sqrt{\underline{Z}_{ek} \, \underline{Z}_{el}} \qquad (5.93)$$

Der Wellenwiderstand einer Leitung läßt sich also durch Messen des Eingangswiderstandes bei ausgangsseitigem Kurzschluß und Leerlauf bestimmen.

b) Reflexionsfaktor. Der Lösungsansatz Gl. (5.71) enthält eine hinlaufende Welle der Anfangsamplitude $\underline{U}_1$ und eine rücklaufende Welle der Anfangsamplitude $\underline{U}_2$. Das Verhältnis $\underline{U}_2/\underline{U}_1$ an der Stelle $x = 1$, also am Leitungsende, bezeichnet man als Reflexionsfaktor. Nach Gl. (5.71) und (5.76) gilt für das

Leitungsende

$$\underline{U}_1 = \underline{U}_1\exp(-\gamma l) + \underline{U}_2\exp \gamma l = \underline{U}_{1(l)} + \underline{U}_{2(l)}$$

$$\underline{I}_1 = \underline{I}_1\exp(-\gamma l) + \underline{I}_2\exp \gamma l = \underline{I}_{1(l)} + \underline{I}_{2(l)} \qquad (5.94)$$

Daraus wird mit einem Rechengang entsprechend den Gl. (5.81) bis (5.85)

$$\underline{U}_{1(l)} = \frac{\underline{U}_1 + \underline{Z}_L\underline{I}_1}{2}$$

und

$$\underline{U}_{2(l)} = \frac{\underline{U}_1 - \underline{Z}_L\underline{I}_1}{2} \qquad (5.95)$$

Damit läßt sich der Reflexionsfaktor berechnen:

$$\underline{p} = \frac{\underline{U}_{2(l)}}{\underline{U}_{1(l)}} = -\frac{\underline{I}_{2(l)}}{\underline{I}_{1(l)}} = \frac{\underline{U}_1 - \underline{Z}_L\underline{I}_1}{\underline{U}_1 + \underline{Z}_L\underline{I}_1}$$

$$= \frac{\underline{Z}_2 - \underline{Z}_L}{\underline{Z}_2 + \underline{Z}_L} \qquad (5.96)$$

Darin wurde $\underline{Z}_2 = \underline{U}_1/\underline{I}_1$ gesetzt. Wichtige Sonderfälle sind:

$\underline{Z}_2 = \underline{Z}_L$	$\underline{p} = 0$	Anpassung
$\underline{Z}_2 = 0$	$\underline{p} = -1$	Totalreflexion mit Phasenumkehr der Spannung
$\underline{Z}_2 \to \infty$	$\underline{p} = 1$	Totalreflexion mit Phasenumkehr des Stromes

5.4.1.1 Leitungsarten

Gebräuchliche Leitungsarten zeigt das Bild 5.53. Die Koaxialleitung wird für breitbandige Übertragungen und für Antennen eingesetzt. Der Sternvierer ist eine Verseilungsart für Drahtleitungen und wird hauptsächlich in vieladrigen Fernsprechkabeln verwendet. Die Doppelleitung war früher die Standardleitung und wird heute noch bei Hochfrequenz benutzt, beispielsweise als Zuleitung für Dipolantennen (s. Abschn. 5.4.2.2). Koaxial- und Doppelleitung können bei guter Isolation (z.B.

Luft) und nicht zu großer Länge (unterhalb etwa 5 km) nach
dem Modell der verlustlosen Leitung berechnet werden; in den
übrigen Fällen berechnet man Leitungen häufig als verlustar-
me Leitungen.

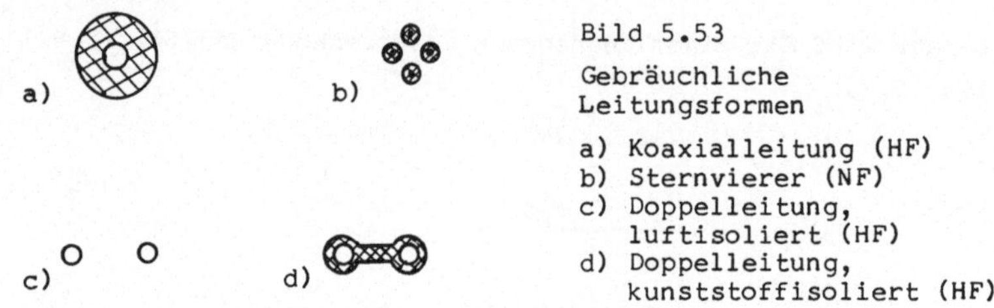

Bild 5.53

Gebräuchliche
Leitungsformen

a) Koaxialleitung (HF)
b) Sternvierer (NF)
c) Doppelleitung,
   luftisoliert (HF)
d) Doppelleitung,
   kunststoffisoliert (HF)

__Verlustarme Leitung.__ Dies Rechenmodell wird hauptsächlich
für Übertragungsleitungen größerer Länge verwendet. Man nimmt
folgende Voraussetzungen an:

$$R' \ll \omega L' \quad \text{und} \quad G' \ll \omega C' \qquad (5.97)$$

Damit gilt für den Wellenwiderstand nach Gl. (5.80)

$$Z_L = \sqrt{\frac{R' + \omega L'}{G' + \omega C'}} \approx \sqrt{\frac{L'}{C'}} \qquad (5.98)$$

Der Wellenwiderstand wird reell. Für den Ausbreitungskoeffi-
zienten läßt sich mit Gl. (5.73) schreiben

$$\gamma = \sqrt{j\omega L'\left(1 + \frac{R'}{j\omega L'}\right) j\omega C'\left(1 + \frac{G'}{j\omega C'}\right)} = \qquad (5.99)$$

$$= j\omega\sqrt{L'C'} \cdot \sqrt{1 + \frac{R'}{j\omega L'} + \frac{G'}{j\omega C'} - \frac{R'G'}{\omega^2 L'C'}}$$

Der letzte Summand in der 2. Wurzel kann als Produkt kleiner
Größen vernachlässigt werden. Entwickelt man die 2. Wurzel in
eine Reihe nach dem Schema

$$\sqrt{1 + x} = 1 + \frac{1}{2}x - \frac{1}{8}x^2 + \frac{1}{24}x^3 - \dots$$

und bricht die Reihe nach dem linearen Glied ab, so erhält
man

$$\gamma \approx j\omega \sqrt{L'C'}\left(1 + \frac{R'}{2j\omega L'} + \frac{G'}{2j\omega C'}\right)$$

$$= j\omega\sqrt{L'C'} + \frac{1}{2}R'\sqrt{\frac{C'}{L'}} + \frac{1}{2}G'\sqrt{\frac{L'}{C'}} \qquad (5.100)$$

Dämpfungs- und Phasenkonstante sind somit

$$\alpha \approx \frac{1}{2}R'\sqrt{\frac{C'}{L'}} + \frac{1}{2}G'\sqrt{\frac{L'}{C'}} \qquad (5.101)$$

$$\beta \approx \omega\sqrt{L'C'} \qquad (5.102)$$

Bei guten Leitungen ist $G' \ll R'$. Man kann daher durch Vergrö-
ßern des Induktivitätsbelages die Dämpfung nach Gl. (5.101)
verringern. Der Induktivitätsbelag kann z.B. durch die nach
ihrem Erfinder benannten P u p i n-Spulen nach Bild 5.54 erhöht werden. Die obere Grenzfrequenz der Leitung wird dadurch
allerdings vermindert.

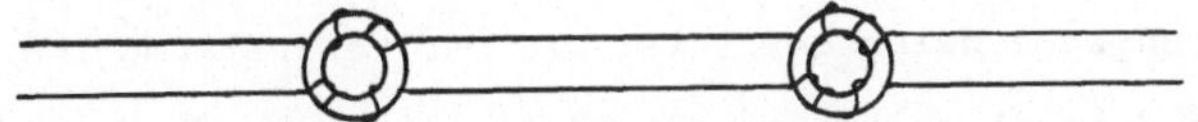

Bild 5.54 Leitung mit P u p i n-Spulen

Die Ausbreitungsgeschwindigkeit der Welle ergibt sich wie
folgt. Wir hatten uns auf sinusförmige Spannungen beschränkt.
Mit der Spannung für die hinlaufende Welle nach Gl. (5.71)
und (5.74)

$$u = \underline{U}_1 \exp j\omega t \exp(-j\beta x)\exp(-\alpha x) \qquad (5.103)$$

gilt bei einer Nullstelle zur Zeit t_0 am Ort x_0 für die Phase

$$\varphi = \omega t_0 - \beta x_0 = 2n\pi \qquad n = 0,1,2,\ldots \qquad (5.104)$$

In der Zeit Δt hat sich die Nullstelle um den Weg Δx verschoben

$$\omega(t_0 + \Delta t) - \beta(x_0 + \Delta x) = 2n\pi \qquad (5.105)$$

Durch Subtraktion der Gl. (5.104) von Gl. (5.105) folgt

$$\omega \Delta t = \beta \, \Delta x$$

oder die Phasengeschwindigkeit

$$v_p = \frac{\Delta x}{\Delta t} = \frac{\omega}{\beta} = \frac{1}{\sqrt{L'C'}} \qquad (5.106)$$

<u>Verlustlose Leitung</u>. Insbesondere bei kurzen Hochfrequenzleitungen kann man mit dem Modell der verlustlosen Leitung rechnen. Man nimmt dann $R' = G' = 0$ an. Damit ergibt sich für den Wellenwiderstand nach Gl. (5.80)

$$Z_L = \sqrt{\frac{L'}{C'}}$$

wie bei der verlustarmen Leitung. Der Ausbreitungskoeffizient nach Gl. (5.73) wird

$$\gamma = \sqrt{j^2 \omega^2 \, L'C'} = j\omega\sqrt{L'C'} = j\beta \qquad (5.107)$$

Die Dämpfungskonstante ist, wie zu erwarten war, Null; die Ausbreitungsgeschwindigkeit ist die der verlustarmen Leitung.

Für eine "unendlich lange" oder eine mit ihrem Wellenwiderstand abgeschlossene Leitung ist die Amplitude der rücklaufenden Welle Null. In allen anderen Fällen treten stehende Wellen durch die Überlagerung von hin- und rücklaufender Welle auf. Bild 5.55 zeigt als Beispiel den Verlauf von Spannung, Strom und Scheinwiderstand auf einer verlustlosen, leerlaufenden Leitung.

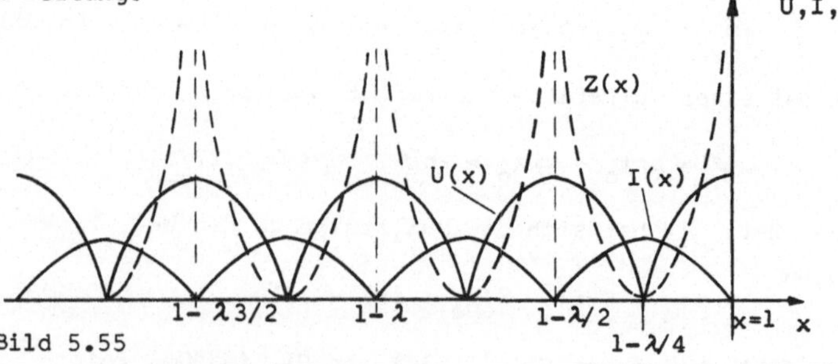

Bild 5.55

Verlauf von Spannung U, Strom I und Scheinwiderstand Z
auf einer verlustlosen, leerlaufenden Leitung

Man definiert daher das Stehwellenverhältnis SWR (von englisch Standing Wave Ratio)

$$ SWR = \frac{\underline{U}_{max}}{\underline{U}_{min}} = \frac{1 + \underline{p}}{1 - \underline{p}} \tag{5.108} $$

mit

$$ \underline{U}_{max} = \underline{U}_1 + \underline{U}_2 = \underline{U}_1 + \underline{p}\underline{U}_1 $$

$$ \underline{U}_{min} = \underline{U}_1 - \underline{U}_2 = \underline{U}_1 - \underline{p}\underline{U}_1 $$

Das reziproke Stehwellenverhältnis heißt Anpassungsfaktor m. Zwei kurze verlustlose Leitungen mit Längen, die gleich der halben bzw. der viertel Wellenlänge λ sind, sollen noch hervorgehoben werden.

$\underline{\lambda/2\text{-Leitung}}$. Aus Bild 5.55 ist zu ersehen, daß Strom und Spannung an Anfang und Ende je eines $\lambda/2$ langen Leitungsabschnittes den gleichen Betrag haben. Daher müssen auch die Scheinwiderstände an Anfang und Ende dieses Leitungsabschnittes übereinstimmen. Bild 5.56 zeigt Strom- und Spannungsverteilung auf der $\lambda/2$-Leitung und deren Anwendung als Verlängerungsleitung, die in eine andere Leitung mit abweichendem Wellenwiderstand eingefügt werden kann.

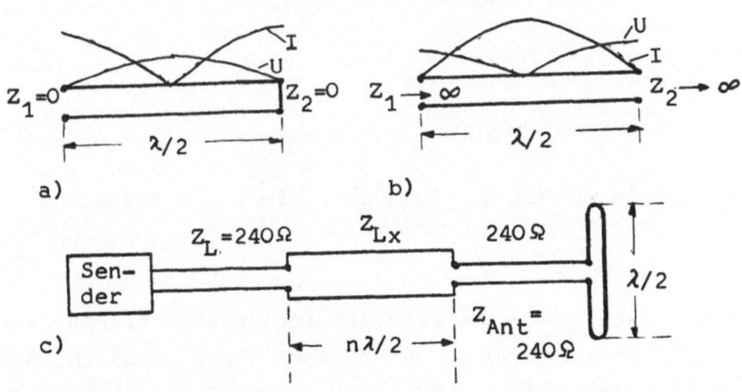

Bild 5.56

$\lambda/2$-Leitung
a) mit ausgangsseitigem Kurzschluß
b) mit ausgangsseitigem Leerlauf
c) Anwendungsbeispiel: Verlängerung mit abweichendem Wellenwiderstand Z_{Lx}

$\lambda/4$-Leitung. Bild 5.55 zeigt, daß einem Spannungsmaximum am Anfang eines $\lambda/4$ langen Leitungsabschnittes ein Spannungsminimum an dessen Ende entspricht. Der Strom hat am Anfang ein Minimum und am Ende des $\lambda/4$-Abschnitts ein Maximum. Wegen der Erhaltung der Energie gilt für die Leistungen am Anfang bzw. am Ende des Abschnitts

$$\frac{U^2}{\underline{Z}_e} = \underline{I}_1^2\,\underline{Z}_2 \qquad \text{oder} \qquad \frac{U^2}{\underline{I}_1^2} = \underline{Z}_e\underline{Z}_2 \qquad (5.108)$$

Aus den Leitungsgleichungen Gl. (5.88) und (5.89) wird mit den hier geltenden Voraussetzungen, nämlich $\gamma = j\beta$ und $\beta l = \beta\frac{\lambda}{4} = \frac{\pi}{2}$

$$\left.\begin{aligned} \underline{U} &= \underline{U}_1\cos(j\pi/2) + \underline{I}_1\,\underline{Z}_L\sinh(j\pi/2) \\ \underline{I}_1 &= \underline{I}\cosh(j\pi/2) + \frac{\underline{U}}{\underline{Z}_L}\sinh(j\pi/2) \end{aligned}\right\} \qquad (5.109)$$

und

Mit $\sinh jx = j\sin x$ und $\cosh jx = \cos x$ folgt daraus

$$\underline{U} = j\,\underline{I}_1\,\underline{Z}_L$$

und

$$\underline{I}_1 = \frac{j\,\underline{U}}{\underline{Z}_L}$$

Hieraus folgt

$$\frac{U^2}{\underline{I}_1^2} = \underline{Z}_L^2 \qquad (5.110)$$

Ein Vergleich mit Gl. (5.108) liefert die Beziehung

$$\underline{Z}_L^2 = \underline{Z}_e\underline{Z}_2 \qquad (5.111)$$

Die $\lambda/4$-Leitung kann also als Impedanztransformator dienen und die Widerstände $\underline{Z}_e$ und $\underline{Z}_2$ aneinander anpassen, wenn ihr Wellenwiderstand $\underline{Z}_L = \sqrt{\underline{Z}_e\underline{Z}_2}$ ist. Ein Kurzschluß am Ende wird in einen Leerlauf am Anfang transformiert. Eine kurzgeschlossene $\lambda/4$-Leitung wirkt deshalb als Isolator und wird z.B. als nahezu verlustfreier Stützisolator für Hochfrequenzdoppelleitungen benutzt. Bild 5.57 zeigt diese Anwendungen.

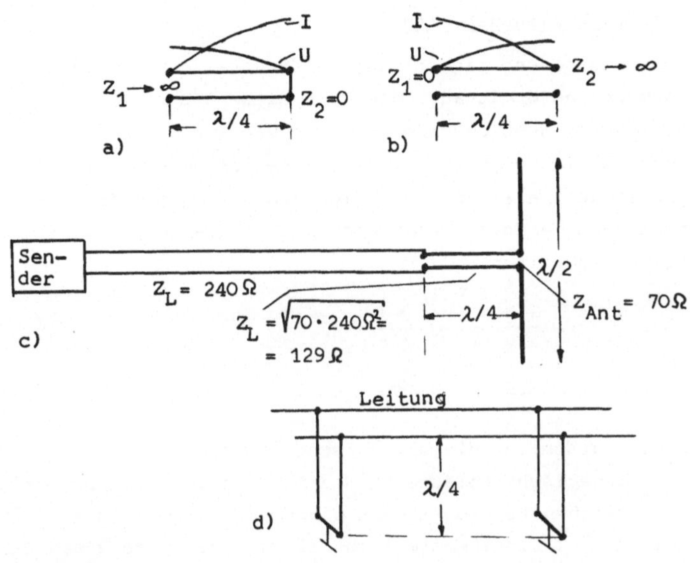

Bild 5.57

λ /4-Leitung

a) ausgangsseitiger Kurzschluß b) ausgangsseitiger
Leerlauf
c) Anwendungsbeispiel: Impedanztransformation
d) Anwendungsbeispiel: isolierende Stütze

5.4.2 Funkverbindungen

Funkverbindungen bilden neben den Leitungen die zweite große
Gruppe von Nachrichtenverbindungen. Man kann zwei Arten unterscheiden, nämlich die Rundfunkverbindungen, bei denen ein Sender mit Rundstrahlcharakteristik eine Vielzahl von Empfängern
versorgt (Beispiel: Rundfunk), und die Richtfunkverbindungen,
die mit Richtantennen arbeiten und eine Verbindung zwischen
zwei Stationen bilden (Beispiel: Richtfunkstrecken im Zuge
von Fernsprechverbindungen).

5.4.2.1 Wellenausbreitung

Elektrische und magnetische Felder breiten sich im freien
Raum wellenförmig aus. Man kann diese Ausbreitung durch die
Wellengleichung beschreiben, die man aus den M a x w e l l-
schen Gleichungen (s. z.B. /5/) herleiten kann. Für den Fall
der ebenen Welle, bei der die Ausbreitung nur in einer Raum-
richtung x erfolgt, kann man in Analogie zu Gl. (5.63) und
(5.64) schreiben

$$- \frac{\partial E}{\partial x} = \mu \frac{\partial H}{\partial t} \qquad (5.112)$$

und

$$- \frac{\partial H}{\partial x} = \varepsilon \frac{\partial E}{\partial t} \qquad (5.113)$$

Darin entspricht die elektrische Feldstärke E der Spannung u,
die magnetische Feldstärke H dem Strom i, L' entspricht der
magnetischen Feldkonstanten μ und C' der elektrischen Feldkonstanten ε . Differenziert man Gl. (5.112) nach x und Gl.
(5.113) nach t, so erhält man durch Einsetzen der Ergebnisse
ineinander

$$\frac{\partial^2 E}{\partial x^2} = \mu\varepsilon \frac{\partial^2 E}{\partial t^2} \qquad (5.114)$$

Differenziert man Gl. (5.113) nach x und Gl. (5.112) nach t,
so wird

$$\frac{\partial^2 H}{\partial x^2} = \mu\varepsilon \frac{\partial^2 H}{\partial t^2} \qquad (5.115)$$

Gl. (5.114) und (5.115) sind die Wellengleichungen für den
eindimensionalen (ebenen) Fall. Für die Erregung der Welle
durch eine kurze Dipolantenne $(1 \ll \lambda)$ hat H e r t z eine Lösung angegeben. Sie lautet mit den Bezeichnungen nach Bild
5.58 für das Fernfeld $(r > \lambda/2\pi)$

$$E = \frac{I1}{2\varepsilon c \lambda r} \qquad (5.116)$$

und

$$H = \frac{Il}{2\lambda r} \qquad (5.117)$$

I ist darin der Dipolstrom. Der Winkel ϑ aus Bild 5.58 ist zu $\vartheta = 90°$ angenommen.

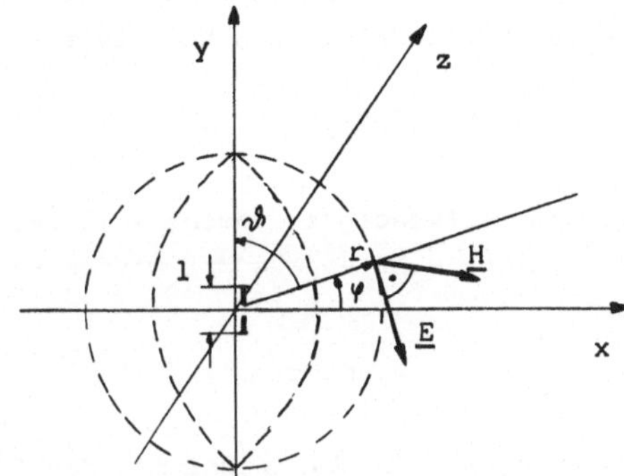

Bild 5.58

Elektrische (E) und magnetische (H) Feldstärke eines kurzen Dipols im Fernfeld $r > \lambda/2\pi$

Der Quotient aus E und H ist der Wellenwiderstand des Raumes. Mit Gl. (5.116) und (5.117) gilt

$$\frac{E}{H} = Z_w = \frac{1}{\varepsilon c} \qquad (5.118)$$

Führt man die Wellengeschwindigkeit

$$c = \frac{1}{\sqrt{\mu \varepsilon}} \qquad (5.119)$$

ein, so ergibt sich

$$Z_w = \sqrt{\frac{\mu}{\varepsilon}} \qquad (5.120)$$

Dieses ist der Wellenwiderstand des Raumes. Für den leeren Raum gilt $Z_w = \sqrt{\mu_o/\varepsilon_o} = 377\,\Omega$.

Für die Leistung der elektromagnetischen Welle kann man folgende Überlegung anstellen. Das Produkt

$$S = E H$$

hat die Einheit VA/m^2; es ist demnach die Leistungsdichte der Welle. S heißt P o y n t i n g'scher Vektor oder Strahlungsdichte. Mit dem Wellenwiderstand des Raumes wird

$$S = E^2/Z_W = H^2 Z_W \qquad\qquad (5.122)$$

Um aus der Leistungsdichte auf die abgestrahlte Leistung zu kommen, muß man die Leistungsdichte über eine die Strahlungs- quelle umschließende Fläche integrieren. Dieses Integral

$$P_s = \oint_F S\,dF \qquad\qquad (5.123)$$

ist sehr aufwendig zu lösen, weil das Rechenmodell der ebenen Welle nicht mehr angewendet werden kann. Die Lösung hat die Form

$$P_s = \text{const.}\,(1/\lambda)^2\,I^2 = R_s\,I^2 \qquad\qquad (5.124)$$

$R_s = \text{const.}\,(1/\lambda)^2$ nennt man den Strahlungswiderstand des erregenden Dipols. Die Gesamtleistung des Dipols (der Antenne) ist die Summe von P_s und der Verlustleistung P_v

$$P_{ges} = P_s + P_v = I^2 R_s + I^2 R_v \qquad\qquad (5.125)$$

Im verlustlosen Fall ($R_v = 0$) ist der Strahlungswiderstand der Eingangswiderstand der Antenne.

Die Wellenausbreitung bei technischen Funkverbindungen hängt stark von der Wellenlänge ab, wie Bild 5.59 zeigt.

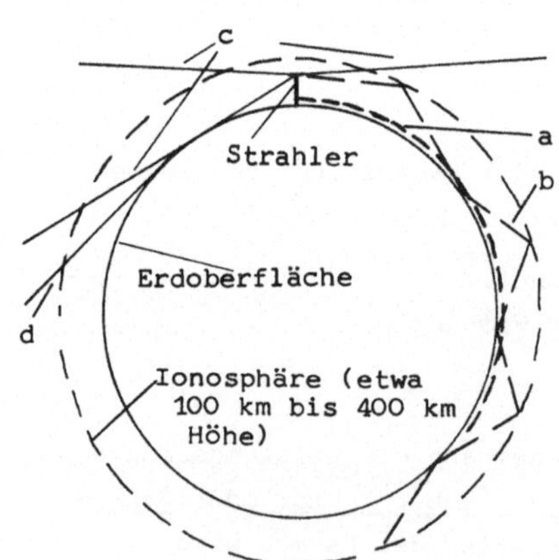

Bild 5.59

Wellenausbreitung für verschiedene Wellen- längenbereiche

a   Bodenwelle, geführt an der Grenzfläche Erde – Luft (LW, MW)
b   Raumwelle, an der Ionosphäre reflek- tiert (MW, KW)
c   freie Raumwelle (UKW)
d   freie Raumwelle, gebeugt (UKW)

Man unterscheidet Bodenwelle und Raumwelle. Die Erdoberfläche
kann im Lang- und Mittelwellenbereich als unendlich gut leit-
fähig angesehen werden. Dies ist so lange möglich, wie die
Leitungsstromdichte in der Erde groß gegen die Verschiebungs-
stromdichte ist. Diese Bedingung lautet mit der spezifischen
Leitfähigkeit des Erdbodens $\varkappa$ und der Dielektrizitätskonstan-
ten des Erdbodens ε

$$\varkappa E \gg \omega \varepsilon E \tag{5.126}$$

Unter dieser Voraussetzung wird eine <u>Bodenwelle</u> an der Grenzfläche Erdoberfläche - Luft geführt, deren Dämpfung mit der
Frequenz zunimmt. Mit der Bodenwelle lassen sich im Langwellenbereich Entfernungen bis zu mehreren tausend Kilometern,
im Mittelwellenbereich bis zu mehreren hundert Kilometern
überbrücken. Im Kurzwellenbereich ist die Bodenwelle bereits
nach einigen km verschwunden.

Gleichzeitig mit der Bodenwelle entsteht auch die <u>Raumwelle</u>.
Im Langwellenbereich wird sie geradlinig in den Raum abge-
strahlt und spielt keine Rolle. Im Mittelwellenbereich kann
es bereits vorkommen, daß die Raumwelle an der Ionosphäre reflektiert wird, so daß die reflektierte Raumwelle mit der Bodenwelle Interferenzen bildet. Dies ist die Ursache für die
Schwunderscheinungen im Mittelwellenbereich.

Kurze Wellen breiten sich wegen der starken Bedämpfung der
Bodenwelle nur durch die Raumwelle aus. Diese wird besonders
abends und nachts sehr gut von der Ionosphäre reflektiert, so
daß man mit Kurzwellen erdumspannende Funkverbindungen bei
schwacher Dämpfung herstellen kann.

Ultrakurz- und noch kürzere Wellen werden nicht mehr von der
Ionosphäre reflektiert, so daß man auf die nicht reflektierte
Raumwelle angewiesen ist. Dieser Umstand beschränkt die Reichweite auf die optische Sichtweite; bei normalen Antennenhöhen
sind das etwa 70 km bis 80 km. Durch Beugungserscheinungen
kann die Reichweite auch auf über 100 km ansteigen.

5.4.2.2 Antennen

Aussenden und Empfangen elektromagnetischer Wellen geschieht
mit Antennen. Eine Antenne kann als Sende- oder Empfangsantenne betrieben werden, sie ist ein reziprokes Element. Das
Urbild der Antenne ist der Dipol nach Bild 5.60. Man benutzt
gerne abgestimmte Dipole der Länge $\lambda/2$. Bei dem einfachen Dipol ist der Eingangswiderstand gleich dem Strahlungswiderstand von etwa 70 Ω .

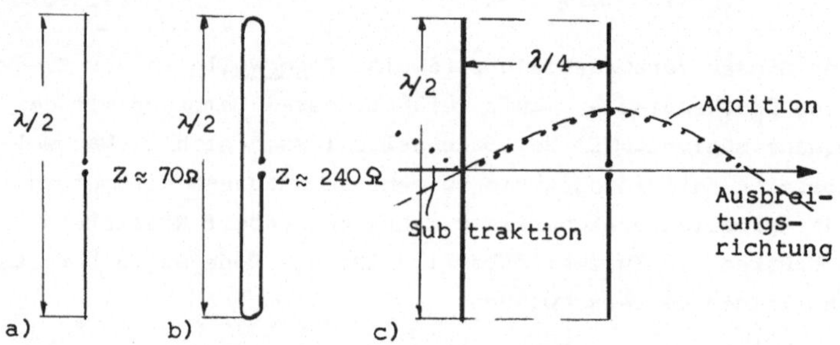

Bild 5.60   Gebräuchliche Dipolantennen
a) $\lambda/2$-Dipol, b) $\lambda/2$-Faltdipol (höherer
Eingangswiderstand) c) Richtwirkung durch
Überlagerung des Feldes eines miterregten
Dipols ("Yagi-Antenne")

Für den Faltdipol ergibt sich ein viermal so großer Eingangswiderstand. Der eng benachbarte zweite Stab wird vom ersten
Dipol mit erregt und führt den gleichen Strom. Die Verbin-
dungs- oder "Falt"-Stellen verbinden jeweils Punkte gleichen
Potentials. Für gleiche Strahlungsleistung des einfachen und
des Faltdipols ist dann nach Gl. (5.124)

$$P_s = I^2 R_{s1} = (I/2)^2 R_{s2}$$

Der Strahlungswiderstand R_{s2} des Faltdipols ist also

$$R_{s2} = 4\, R_{s1} \tag{5.127}$$

Er ist bei vernachlässigbaren Verlusten gleich dem Eingangswiderstand des Faltdipols und beträgt etwa $4 \cdot 70\,\Omega = 280\,\Omega$.
Er ist damit dem Wellenwiderstand gebräuchlicher HF-Doppellei-
tungen nach Bild 5.53 gut angepaßt.

Bringt man nach Bild 5.60 im Abstand von $\lambda/4$ einen Sekundär-
strahler an, der vom gespeisten Dipol mit erregt wird, so
wirkt dieser als Reflektor, weil sich die abgestrahlten Felder in der einen Richtung addieren und in der anderen sub-
trahieren.

Die Anwendung des $\lambda/2$-Dipols bereitet bei sehr kurzen und
sehr langen Wellen konstruktive Schwierigkeiten. In diesen
Bereichen haben sich daher andere Antennenformen durchgesetzt.
Für den Bereich langer Wellen ist die Vertikalantenne ein
wichtiges Beispiel. Bei Wellenlängen bis etwa 600 m verwendet
man die $\lambda/4$ lange Vertikalantenne. Bei gut leitender Erdoberfläche (vgl. Gl. (5.126)) wird ihr Feld an der Erdoberfläche gespiegelt und entspricht dann dem des $\lambda/2$-Dipols. Der
Eingangswiderstand ist jedoch nur halb so groß, also etwa $35\,\Omega$
bis $40\,\Omega$. Bild 5.61 zeigt diese Antenne und ihre Stromver-
teilung.

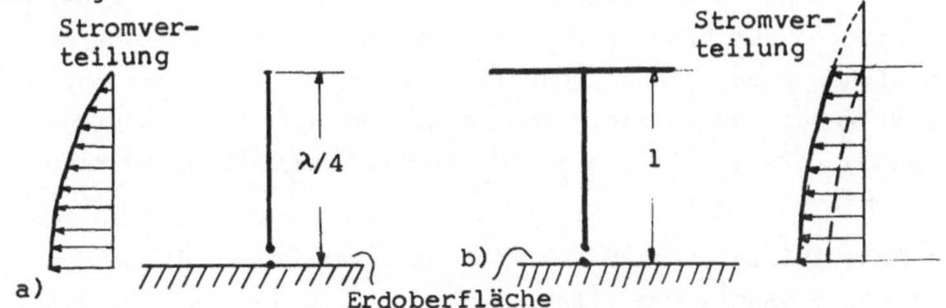

Bild 5.61   Antennen für große Wellenlängen
a) $\lambda/4$-Vertikalantenne
b) elektrisch verlängerte Vertikalantenne

Bei noch größeren Wellenlängen würde auch die $\lambda/4$-Antenne zu
baulichen Schwierigkeiten führen. Man verwendet dann Verti-
kalantennen, die an ihrem oberen Ende elektrisch verlängert
sind. Man bringt dazu L- oder T-förmige Leitungsstücke oder
Schirme an. Bild 5.61 zeigt eine T-Antenne und die Stromver-
teilung auf einer in dieser Weise verlängerten Antenne.

Bei sehr kurzen Wellenlängen unterhalb von etwa 10 cm arbeitet man statt mit Dipolen gerne mit Hornstrahlern. Hornstrahler sind hornartig aufgeweitete Enden von Hohlleitern, die

bei sehr hohen Frequenzen (etwa ab 1 GHz) als Leitung verwendet werden. In Bild 5.62 ist ein Hornstrahler als Erreger
eingezeichnet. Da man in diesem Frequenzbereich ohne Schwierigkeiten Reflektoren bauen kann, deren Abmessungen groß gegen die Wellenlänge sind, bekommen die Reflektoren die aus
der Optik bekannten hohlspiegelartigen Formen. Bild 5.62
zeigt eine Muschelantenne als Beispiel.

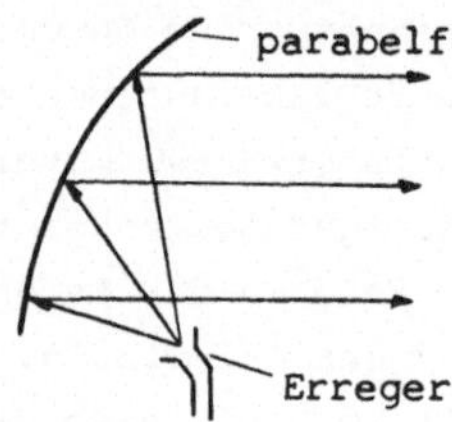

Bild 5.62

Muschelantenne als
Beispiel einer Richt-
antenne für sehr kleine
Wellenlängen ($\lambda <$ 10 cm)

Die genannten Antennenformen sind typische Beispiele aus der
Antennentechnik. Es gibt noch viele andere Antennenformen,
die jeweils für besondere Zwecke geeignet sind. Etliche Formen dienen dazu, die Antenne für ein breites Frequenzband geeignet werden zu lassen. Eine andere Gruppe sind die Richtantennen, die zum Teil auch für breite Frequenzbänder brauchbar sind.

Zum Abschluß seien noch zwei in der Antennentechnik geläufige
Begriffe erwähnt. Die <u>effektive Höhe</u> h_{eff} ist das Verhältnis
der Leerlaufspannung U_o einer Empfangsantenne zur Empfangs-
feldstärke E am Ort der Antenne

$$h_{eff} = \frac{U_o}{E} \qquad (5.128)$$

Empfangsfeldstärken liegen in Größenordnungen von 1 V/m bis
herunter zu 1 µV/m, in Sonderfällen auch darunter.
Der <u>Antennengewinn</u> G gibt an, wieviel mal die Strahlungsdichte einer Richtantenne größer ist als die einer Vergleichsan-
tenne, z.B. eines Dipols.

$$G = \frac{S_{Antenne}}{S_{Bezugsantenne}} \qquad (5.129)$$

Oft wird der Gewinn auch logarithmisch angegeben

$$g = 10 \lg G \quad \text{dB} \qquad (5.130)$$

5.4.3 Optische Übertragungsstrecken

Die Übertragung kodierter Nachrichten durch Lichtzeichen ist
sehr alt, die Ausnutzung des Lichtes im Sinne der elektrischen Nachrichtentechnik ist aber noch sehr jung. Dies liegt
daran, daß die optische Übertragung über größere Entfernungen
auf Sicht wegen der Störungen durch Fremdlicht, Dunst usw.
den Anforderungen nicht genügt und daran, daß geeignete Lichtwellenleiter lange nicht zur Verfügung standen. So hat beispielsweise normales Fensterglas das Licht nach einer Strecke
von 1 m fast vollständig absorbiert, während Lichtwellenleiter
Dämpfungen von weniger als 1 dB/km aufweisen können.

Lichtwellenleiter haben gegenüber anderen Übertragungsstrek-
ken wesentliche Vorteile:

> große Übertragungsbandbreite,
> unempfindlich gegen Störungen,
> billiges Ausgangsmaterial.

5.4.3.1 Lichtwellenleiter

Der Lichtwellenleiter (LWL) besteht aus einer Quarzglasfaser,
die nach Bild 5.63 aus einem Kern mit dem Brechungsindex n_1
und einem Mantel mit dem Brechungsindex n_2 zusammengesetzt
ist. Wenn der Winkel ϑ, unter dem ein Lichtstrahl auf die

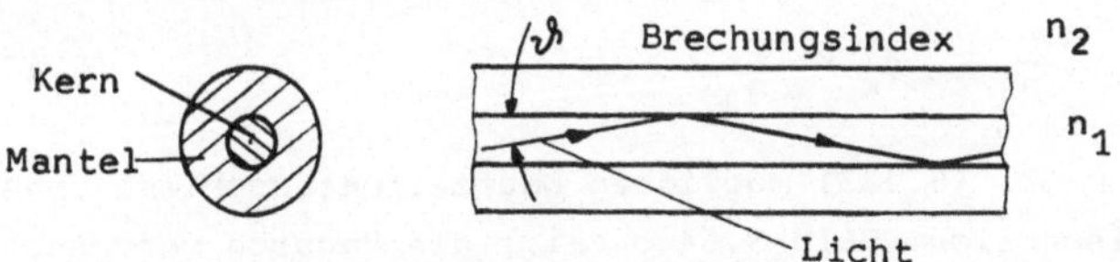

Bild 5.63 Lichtwellenleiter ("Glasfaser")

Grenzschicht Kern/Mantel trifft, kleiner ist als der kritische
Winkel

$$\vartheta_0 = \text{arc } \cos(n_1/n_2) \qquad (5.131)$$

so tritt Totalreflexion auf. Der Lichtstrahl bleibt innerhalb des Kernes und breitet sich nur dort aus. Dies gilt auch bei gebogenem Lichtwellenleiter; bei üblichen Kerndurchmessern $< 200 \ \mu$m sind Biegeradien bis herab zu einigen cm möglich.

Unterhalb des Grenzwinkels ϑ_0 sind verschiedene Winkel für die Ausbreitung möglich, wie Bild 5.64 zeigt. Sie werden <u>Moden</u> genannt. Große Winkel ϑ sind mit großen zurückzulegenden Strecken und damit größeren Laufzeiten verbunden als kleine Winkel.

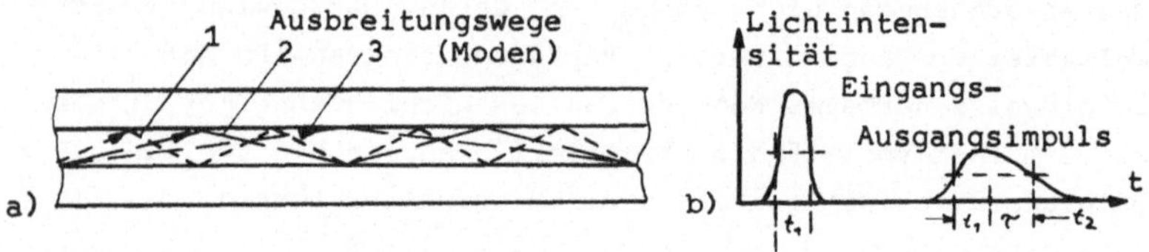

Bild 5.64   Modendispersion
a) Entstehung   b) Durch Dispersion bewirkte Pulsverbreiterung

Der Brechungsindex n ist durch das Verhältnis der beiden Phasengeschwindigkeiten in Kern und Mantel gegeben. Ist c die Phasengeschwindigkeit im freien Raum, c_1 die im Kern und c_2 die im Mantel, so gilt

$$c_1 = \frac{c}{n_1} \quad \text{und} \quad c_2 = \frac{c}{n_2} \qquad (5.132)$$

Der Bereich der möglichen Phasengeschwindigkeiten c_k im Kern ist damit

$$\frac{c}{n_1} < c_k < \frac{c}{n_2} \qquad (5.133)$$

Die nach Gl. (5.133) möglichen Laufzeitunterschiede nennt man Modendispersion. Bild 5.64 b zeigt die dadurch verursachte Verbreiterung der Lichtimpulse, die äußerst unerwünscht ist, weil sie die Bandbreite der Faser begrenzt. Ist τ die durch Dispersion verursachte Pulsverbreiterung, so ist die Bandbreite des Lichtwellenleiters

$$B = \frac{1}{2\tau} \qquad (5.134)$$

Um die Dispersion zu verringern, hat man spezielle Fasern entwickelt, die in Bild 5.65 zu sehen sind. Die <u>Monomodefaser</u>
hat einen sehr kleinen Kerndurchmesser, der kleiner als etwa
2 µm ist. Dadurch können sich die möglichen Ausbreitungswin-
kel ϑ praktisch nicht mehr unterscheiden, so daß sich nur
noch ein Mode ausbreiten kann. Diese Faser stellt jedoch hohe
Ansprüche an die Sorgfalt bei Herstellung und Verarbeitung.

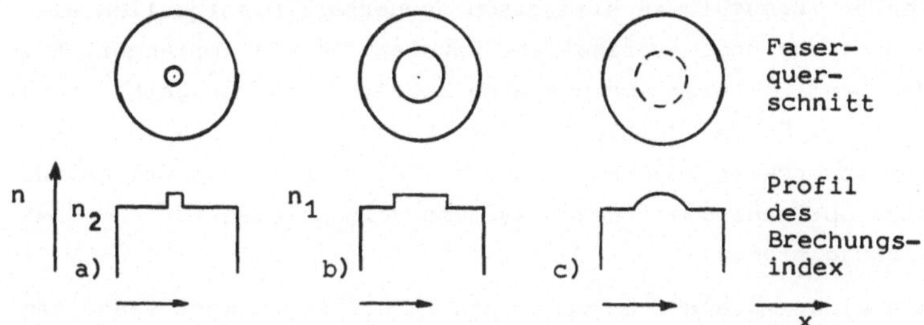

Bild 5.65　Aufbau verschiedener Lichtwellenleiter
a) Monomodefaser　b) Stufenfaser
c) Gradientenfaser

Die <u>Stufenfaser</u> ist die bisher besprochene Faser.

Wenn man den Brechungsindex nicht abrupt vom Kern zum Mantel
übergehen läßt, sondern ihm ein Profil nach Bild 5.65 c gibt,
so erhält man die <u>Gradientenfaser</u>. In ihr wird ein um den Winkel ϑ von der optischen Achse abweichender Strahl allmählich
wieder in die Richtung der optischen Achse gelenkt.

Die Modendispersion der Monomodefaser ist nahezu Null. Die
Gradientenfaser erreicht Werte bis herab zu etwa 1 ns/km, die
Stufenfaser bis etwa 100 ns/km.

Der Sinus des Eintrittswinkels α für das Licht in die Faser,
bei dem gerade noch Lichteinkopplung möglich ist, heißt numerische Apertur NA (Bild 5.66). Sie ist ein Maß für die ein-
koppelbare Lichtleistung

$$P_L \sim (NA)^2 \qquad (5.135)$$

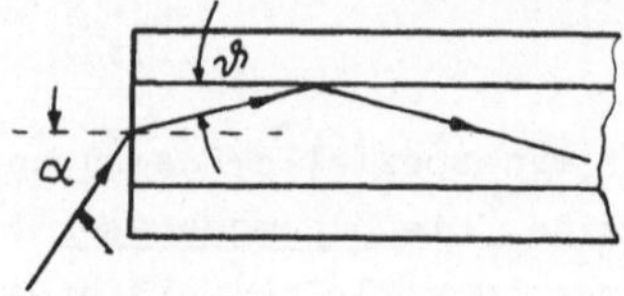

Bild 5.66

Numerische Apertur NA

NA $= \sin\alpha$

5.4.3.2 Übertragungssysteme mit Lichtwellenleitern

Um Lichtwellenleiter als Übertragungsstrecke einsetzen zu
können, braucht man elektrisch steuerbare Lichtquellen als
Sender und photoempfindliche Bauelemente als Empfänger. Für
den Sender kommen vorzugsweise Leuchtdioden und Halbleiterlaser in Frage. Halbleiterlaser können kurze Lichtimpulse hoher spektraler Reinheit erzeugen. Hieraus wird deutlich, daß
sich optische Übertragungssysteme vorzugsweise für PCM-Übertragung eignen.

Als Lichtempfänger werden wegen ihrer kurzen Anstiegszeiten
Photodioden, Avalanche-Photodioden oder PIN-Dioden verwendet
/6/. Der Zusammenbau der Einzelteile muß sehr sorgfältig
vorgenommen werden, um gute optische Kontakte zu gewährlei-
sten. Die Teile werden mit Hilfe sehr genau gearbeiteter
Stecker zusammengefügt; Fasern können auch geschweißt werden.

Verwendet man in einem System beispielsweise einen Halbleiterlaser als Sender, eine Monomode-Faser und eine Avalanche-
Photodiode als Empfänger, so erreicht man Bitraten bis zu
1 GBit/s. Ein eher "normales" System mit einer Leuchtdiode
als Sender, einer Stufenfaser und einer PIN-Diode als Empfänger läßt Bitraten bis etwa 10 MBit/s zu.

5.5 Empfänger

Am Ende der Übertragungsstrecke haben die Nachrichtensignale meist eine sehr kleine Amplitude. Die von einer Empfangsantenne gelieferte Spannung beispielsweise beträgt u.U. nur 1 μV. Eine Aufgabe des Empfängers ist es daher, die Amplitude der aufgenommenen Spannung so weit zu erhöhen, daß das Signal ohne Schwierigkeiten weiter verarbeitet werden kann. Dies bedeutet Werte von etwa 1 V.

Ferner stehen am Empfangsort oft viele Nachrichtensignale zur Verfügung; beispielsweise kann man an einem Ort verschiedene Rundfunksendungen empfangen. Die zweite Aufgabe des Empfängers ist daher, aus dem Angebot das gewünschte Signal herauszusieben.

Die erste Aufgabe wird durch Verstärker gelöst. Das zweite Problem, die Selektion, löst man durch Schaltungen, deren Verstärkung bzw. Dämpfung in definierbarer Weise von der Frequenz abhängt. Solche Schaltungen nennt man auch Filter.

5.5.1 Verstärkung

An einen Verstärker, dessen Grundschema Bild 5.67 zeigt, können verschiedene Forderungen gestellt werden. Die Verstärkung

$$v = \frac{u_a}{u_e} \qquad\qquad (5.136)$$

soll im allgemeinen entweder sehr groß sein oder aber einen genau definierten Wert haben. Oft soll sie auch in bestimmten Bereichen unabhängig von der Frequenz sein.

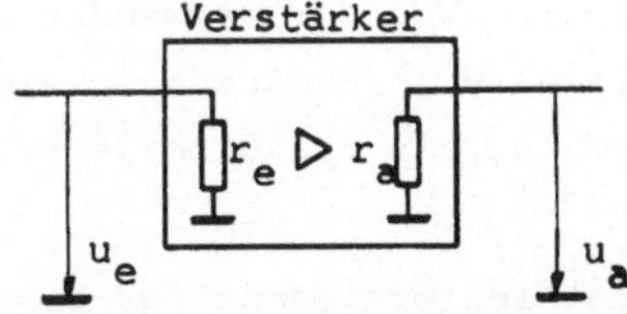

Bild 5.67   Verstärker

Der Eingangswiderstand r_e soll entweder sehr groß sein, weil dann die Signalquelle wenig belastet wird, oder er soll an

den Wellenwiderstand (s. Abschn. 5.4.1) der Übertragungsleitung angepaßt sein, damit keine Reflexionen auftreten

$$r_e \longrightarrow \infty \qquad\qquad \text{oder} \qquad r_e = Z_L$$

Auch für den Ausgangswiderstand gibt es zwei mögliche Anforderungen. Die eine ist die Anpassung an den Innenwiderstand
einer Last (wegen Leistungsanpassung) oder den Wellenwiderstand einer Übertragungsleitung. Die zweite ist die nach einem Ausgangswiderstand nahe Null, weil die Ausgangsspannung
dann nicht von Laständerungen beeinflußt wird.

$$r_a \longrightarrow 0 \qquad\qquad \text{oder} \qquad r_a = Z_L$$

Ein aus passiven Bauelementen aufgebautes Netzwerk hat höchstens die Leistungsverstärkung 1 und ist somit für Verstärker-
zwecke nicht geeignet. Man muß daher aktive Bauelemente einsetzen, von denen es mehrere Arten gibt.

Das meistbenutzte Verstärkerbauelement ist der Transistor,
entweder als bipolarer oder als Feldeffekttransistor / 6 /. In
den folgenden Betrachtungen wird der bipolare Transistor zugrunde gelegt.

Die Elektronenröhre wird in Sonderbereichen eingesetzt. Git-
tergesteuerte Röhren finden in Hochleistungsvertärkern Anwendung, insbesondere in Sendeverstärkern hoher Leistung bis zu
Frequenzen von etwa 500 MHz (s. Abschn. 5.3.3). Bei höheren
Frequenzen werden Laufzeitröhren eingesetzt; das sind Röhren,
die die endliche Elektronenlaufzeit ausnutzen. Solche Röhren
sind das Klystron, das z.B. in Sendeverstärkern für die Fern-
sehbänder IV und V verwendet wird, das Magnetron, das beispielsweise in Radarsender eingebaut wird, oder die Wander-
feldröhre, die als Signalverstärker im GHz-Bereich eingesetzt
wird /7/.

Ein Halbleiterelement zur Verwendung bei Höchstfrequenz ist
die Tunneldiode, deren bereichsweise negativer Widerstand für
Verstärkungszwecke ausgenutzt wird.

Schließlich sollen noch die parametrischen Verstärker erwähnt werden, bei denen gesteuerte Blindwiderstände (z.B. Varaktoren) zur Verstärkung hochfrequenter Signale benutzt werden. Sie zeichnen sich durch extreme Rauscharmut aus.

5.5.1.1 Widerstandsverstärker

Sehr viele Verstärker arbeiten als Widerstandsverstärker, so daß diese zunächst besprochen werden sollen. Bild 5.68 zeigt die Prinzipschaltung eines solchen Verstärkers mit einem Transistor in Emitterschaltung.

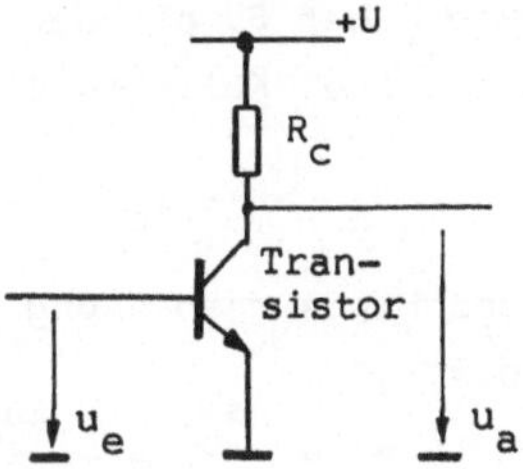

Bild 5.68

Verstärker mit Transistor in Emitterschaltung

Der Transistor führt den Kollektorstrom

$$I_C = I_{ES} \frac{B}{B + 1} (\exp(U_{BE}/U_T) - 1) \qquad (5.137)$$

solange der Transistor nicht im Bereich der Sättigung ist. In Gl. (5.137) bedeuten I_{ES} den Emittersättigungsstrom, B die Stromverstärkung in Emitterschaltung, U_{BE} die Basis-Emitter-Spannung, in diesem Fall die Eingangsspannung des Verstärkers, und $U_T = kT/e$ die Temperaturspannung. $k = 1,38 \cdot 10^{-23}$ Ws/K ist die B o l t z m a n n'sche Konstante, T die absolute Temperatur und e = 1,602 As die Elementarladung.

Im Normalfall ist $B \gg 1$ und $\exp(U_{BE}/U_T) \gg 1$. Dann darf man für Gl. (5.137) schreiben

$$I_C = I_{ES} \exp(U_{BE}/U_T) \approx I_E \qquad (5.138)$$

I_E ist der Emitterstrom. Gl. (5.138) beschreibt die Übertragungskennlinie des Transistors. Daraus läßt sich durch Differenzieren nach U_{BE} die Steilheit

$$S = \frac{dI_c}{dU_{BE}} = \frac{1}{U_T} I_{ES} \exp(U_{BE}/U_T) = \frac{I_E}{U_T} \qquad (5.139)$$

errechnen. Die Steilheit gibt das Verhältnis der Änderung des Kollektorstromes i_c zur Änderung der Basis-Emitter-Spannung an, die in diesem Fall gleich der Eingangsspannung u_e ist. Für den gesamten Kollektorstrom gilt $I_c = I_{co} + i_c$. Der Kollektorruhestrom $I_{co} \approx I_{Eo}$ wird auch Strom im Arbeitspunkt genannt. Der Spannungsabfall an R_c aus Bild 5.68 ist die Differenz zwischen der Spannung am Kollektor und der Versorgungsspannung U der Schaltung. Die Ausgangsspannung u_a fällt daher bei steigendem Kollektorstrom und ist

$$u_a = - i_c R_c = - S u_e R_c \qquad (5.140)$$

Aus- und Eingangsspannung sind gegenphasig. Für die Verstärkung gilt

$$v = \frac{u_a}{u_e} = - \frac{S u_e R_c}{u_e} = - S R_c = - R_c \frac{I_E}{U_T} \qquad (5.141)$$

Hierbei ist zu beachten, daß R_c der wirksame Kollektorwiderstand ist, für den bei genauen Berechnungen nicht nur der "eingelötete" Widerstand, sondern auch der Ausgangswiderstand des Transistors und andere gegebenenfalls vorhandene Widerstände berücksichtigt werden müssen.

Der Ausgangswiderstand der Schaltung ist

$$r_a = R_c \qquad (5.142)$$

Für den Eingangswiderstand gilt

$$r_e = \frac{dU_{BE}}{dI_B} = B \frac{dU_{BE}}{dI_E} = B \frac{U_T}{I_E} \qquad (5.143)$$

Er ist ebenso wie die Steilheit vom eingestellten Ruhestrom $I_{co} \approx I_{Eo}$ abhängig.

Für den praktischen Einsatz muß man den Ruhestrom festlegen. Dazu kann man mit einem Spannungsteiler R_1, R_2 eine mittlere Basis-Emitterspannung vorgeben. Wenn man vermeiden möchte,

daß der Innenwiderstand der steuernden Quelle mit in dieses
Teilerverhältnis eingeht, muß man einen Koppelkondensator C_k
vorsehen, der äußere Gleichanteile fernhält. Die so erweiter-
te Schaltung zeigt Bild 5.69. Der Teiler R_1, R_2 muß so dimen-
sioniert werden, daß sich an der Basis die Spannung U_{BE} ergibt, die nach Gl. (5.138) für den gewünschten Ruhestrom erforderlich ist.

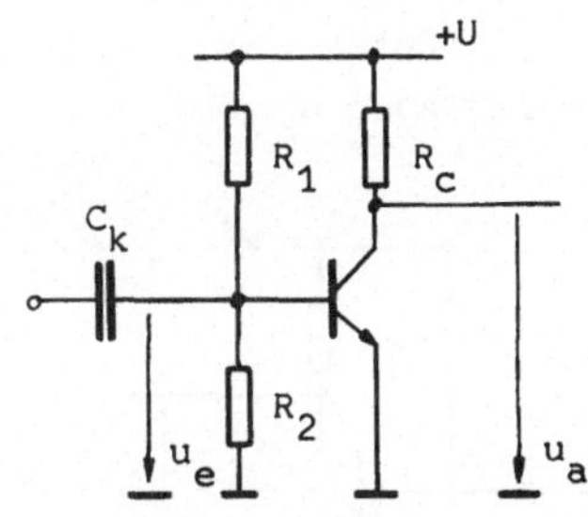

Bild 5.69

Einstellung des
Arbeitspunktes
(Kollektorruhestromes)
durch Basisspannungs-
teiler R_1, R_2

Die Schaltung nach Bild 5.69 hat den gleichen Ausgangswiderstand wie die Prinzipschaltung. Der Eingangswiderstand

$$r_e \;=\; B \frac{U_T}{I_E} \;\|\; R_1 \;\|\; R_2 \qquad\qquad (5.144)$$

ist kleiner, weil die Widerstände R_1 und R_2 (R_1 über den Innenwiderstand $R_i \rightarrow 0$ der Betriebsspannungsquelle) zusätzlich
parallel liegen.

Bei Signalfrequenzen, für die nicht mehr $r_e \gg 1/\omega C_k$ ist, muß
der Blindwiderstand des Koppelkondensators berücksichtigt
werden. Dies führt zu einer unteren Grenzfrequenz

$$f_u \;=\; \frac{1}{2\pi r_e C_k} \qquad\qquad (5.145)$$

Oberhalb dieser Frequenz bleibt die Verstärkung bis zu einer
oberen Grenzfrequenz f_o konstant. Diese Frequenz wird durch
die Zeitkonstanten bestimmt, die die parasitären Kapazitäten
mit den Schaltungswiderständen bilden, und durch die Grenzfrequenz des Transistors.

Die für einen bestimmten Kollektorstrom I_{co} erforderliche
Spannung U_{BE} nimmt mit der Temperatur um etwa 2 mV/K ab. Die
in Bild 5.69 gezeigte Schaltung arbeitet mit fest vorgegebe-
ner Basisspannung am Teiler, so daß der Ruhestrom I_{co} mit
exp($\Delta\vartheta$·2 mV/K) bei Temperaturerhöhung um $\Delta\vartheta$ zunehmen würde.
Diese Temperaturabhängigkeit kann man durch Gegenkopplung
mindern. Meist wird dazu ein Widerstand R_E in die Emitterzu-
leitung eingefügt, wie Bild 5.70 zeigt. An R_E fällt eine
Wechselspannung u_E ab.

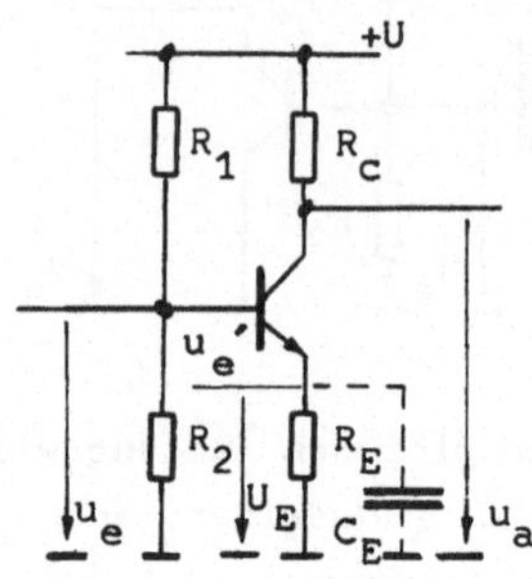

Bild 5.70

Stabilisierung des
Arbeitspunktes durch
Gegenkopplung am
Emitterwiderstand R_E

Die den Transistor steuernde wirksame Spannung ist dann nur
noch

$$u_e' = u_e - u_E \qquad\qquad (5.146)$$

Die Spannung u_E ist aber $u_E = S\,R_E u_e'$. Damit gilt

$$u_e = u_e'(1 + SR_E)$$

Die Verstärkung ist dann

$$v = \frac{u_a}{u_e} = -\frac{SR_C u_e'}{(1 + SR_E)u_e'} = -\frac{SR_C}{1 + SR_E} \qquad (5.147)$$

Man kann nun folgende, zunächst formal erscheinende Rechnung
durchführen. Wenn man den Eingangswiderstand r_e nach Gl.
(5.143) auf den Emitter umrechnet, so erhält man $r_E = r_e/B = $
$= U_T/I_E$. Damit kann man schreiben

$$ S\, r_E \;=\; \frac{I_E}{U_T}\,\frac{U_T}{I_E} \;=\; 1 $$

Setzt man dies in Gl. (5.147) ein, so erhält man

$$ v \;=\; \frac{S\,R_C}{Sr_E + SR_E} \;=\; -\,\frac{R_C}{r_E + R_E} \;\approx\; -\,\frac{R_C}{R_E} \qquad (5.148) $$

Die Näherung gilt für den meist gegebenen Fall $r_E \ll R_E$. Die Temperaturdrift wird jetzt nur noch mit der durch Gl. (5.148) gegebenen Verstärkung multipliziert.

Der Eingangswiderstand erhöht sich in dieser Schaltung auf

$$ r_{eg} \;=\; \frac{du_e}{di_e} \;=\; \frac{du_e{}'(1 + SR_E)}{du_e{}'\,S}\,B \;=\; r_e(1 + SR_E) $$

$$ (5.149) $$

Die Gegenkopplung ist für alle Frequenzen wirksam, d.h. auch die Verstärkung für das Nutzsignal wird herabgesetzt. Will man dies vermeiden, so kann man den Widerstand R_E mit einem Kondensator C_E überbrücken, der den Widerstand R_E für Frequenzen oberhalb der Grenzfrequenz f_{uE} unwirksam macht. f_{uE} ist durch folgende Zeitkonstante gegeben:

$$ \tau \;=\; \frac{1}{2\pi f_{uE}} \;=\; C_E\; r_E \,\|\, R_E \;\approx\; r_E\,C_E \qquad (5.150) $$

<u>Beispiel 5.2</u>

Es soll eine Verstärkerstufe mit der Verstärkung $v = 100$ entworfen werden. Die Temperaturdrift der Ausgangsspannung darf nicht mehr als 4 mV/K betragen; die untere Grenzfrequenz sei 100 Hz.

Wegen der Anforderung an die Drift wählen wir die gegengekoppelte Schaltung nach Bild 5.70 mit Emitterkondensator C_E und Koppelkondensator C_k. Mit der zugelassenen Drift von 4 mV/K und der bekannten Drift der Basis-Emitter-Spannung von 2 mV/K ergibt sich die maximale Gleichspannungsverstärkung $v_{gl} = 2$. Nach Gl. (5.148) ist

$$ |v_{gl}| \;=\; 2 \;=\; R_C/R_E $$

Die Wechselspannungsverstärkung soll $v = 100$ sein. Damit ist nach Gl. (5.141)

$$v = R_C I_E / U_T = 100$$

Wählt man den üblichen Ruhestrom $I_{Eo} = 1$ mA, so wird

$$R_C = v\, U_T / I_{Eo} = 100 \cdot 26\ \text{mV}/(1\ \text{mA}) = 2,6\ \text{k}\Omega$$

Damit wird $R_E = R_C/2 = 1,3\ \text{k}\Omega$. Um auf Widerstandswerte der Normreihe E 24 zu kommen, wählen wir $R_C = 2,7\ \text{k}\Omega$ und $R_E = 1,5\ \text{k}\Omega$. Damit ist die Driftanforderung gut erfüllt. Der Ruhestrom erniedrigt sich auf

$$I_{Eo} = v\, U_T / R_C = 100 \cdot 26\ \text{mV}/(2,7\ \text{k}\Omega) = 0,96\ \text{mA}$$

Um diesen Ruhestrom einzustellen, ist am Basisspannungsteiler die Spannung $U_B = U_{RE} + U_{BE}$ erforderlich. Wir rechnen mit $U_{BE} = 0,6$ V als Richtwert für Siliziumtransistoren. Damit wird

$$U_B = I_{Eo} R_E + 0,6\ \text{V} = 1,5\ \text{k}\Omega \cdot 0,96\ \text{mA} + 0,6\ \text{V} = 2,04\ \text{V}$$

Die Stromverstärkung des Transistors nehmen wir mit $B > 100$ an. Der Basisstrom ist damit $I_B < 10$ uA. Wir legen den Teiler R_1, R_2 für einen Querstrom von 0,1 mA aus, dann ist die Verfälschung durch den Basisstrom hinreichend klein. Somit gilt bei der Betriebsspannung $U = 12$ V

$$R_2 = U_B/(0,1\ \text{mA}) = 2,04\ \text{V}/(0,1\ \text{mA}) = 20,4\ \text{k}\Omega$$

$$R_1 = 9,96\ \text{V}/(0,1\ \text{mA}) = 99,6\ \text{k}\Omega$$

Wir wählen $R_1 = 100\ \text{k}\Omega$, $R_2 = 22\ \text{k}\Omega$. Der Wert $22\ \text{k}\Omega > 20,4\ \text{k}\Omega$ kompensiert z.T. den Einfluß des vernachlässigten Basisstromes. Der Eingangwiderstand der Schaltung ist nach Gl. (5.144)

$$r_e = R_1 \parallel R_2 \parallel B U_T / I_E = 2,35\ \text{k}\Omega \quad \text{mit } B = 100$$

Der Koppelkondensator C_k erhält dann den Wert

$$C_k = 1/2\pi f_u r_e = 1/(2\pi \cdot 100\ \text{Hz} \cdot 2,35\ \text{k}\Omega) = 670\ \text{nF}$$

Wir wählen den Normwert 680 nF. Der Emitterkondensator C_E wird so groß gewählt, daß die mit ihm gebildete Zeitkonstante die untere Grenzfrequenz nicht mehr beeinflußt

$$C_E > 1/2\pi f_u r_E = 58,8 \text{ µF}$$

Man setzt z.B. $C_E = 470$ µF ein.

Wenn sehr hohe obere Grenzfrequenzen erreicht werden sollen, z.B. $f_o > 10$ MHz, benutzt man auch statt der Emitterschaltung die Basisschaltung, deren Prinzipschaltung Bild 5.71 zeigt. Die Stromverstärkung eines Transistors in Basisschaltung hat eine B-fach höhere Grenzfrequenz als die Stromverstärkung B der Emitterschaltung. Ferner hat die Basisschaltung einen

Bild 5.71

Verstärker mit
Transistor in Basis-
schaltung (für HF)

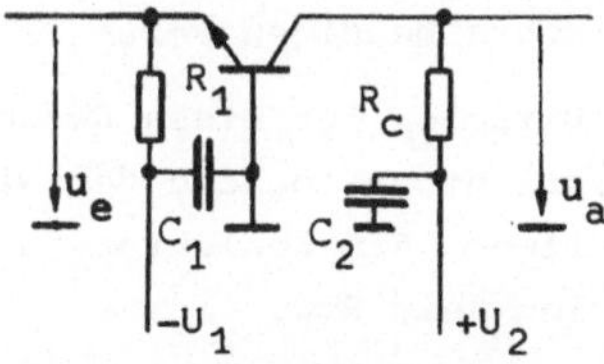

kleinen Eingangswiderstand. Dies ist im Hochfrequenzbereich wegen der besseren Anpassung an die üblichen kleinen Wellen-widerstände (z.B. $Z_L = 50\,\Omega$) von Vorteil. Zudem bildet der kleine Eingangswiderstand mit den unvermeidlichen schädlichen Kapazitäten, insbesondere der Rückwirkungskapazität des Tran-sistors, kleine Zeitkonstanten. Der Eingangswiderstand der Basisschaltung ist mit $r_E = U_T/I_E$

$$r_e = r_E \| R_1 \qquad\qquad (5.151)$$

Die Werte für die Spannungsverstärkung und den Ausgangswider-stand entsprechen denen der Emitterschaltung.

5.5.1.2 Resonanzverstärker

Der Widerstandsverstärker ist ein typischer Breitbandverstärker. Sein Verstärkungsfaktor ist zwischen den Grenzfrequenzen f_u und f_o konstant und seine relative Bandbreite nach Gl. (3.10) ist groß. Für manche Anwendungen benutzt man jedoch lieber schmalbandige Verstärker. Zwei mögliche Gründe seien hier genannt:

Aus Abschn. 4.4.1 wissen wir, daß die Rauschleistung der Bandbreite proportional ist. Für Anwendungen, in denen das Rauschen kritisch ist, benutzt man daher Verstärker mit möglichst schmalem Frequenzbereich. Zum anderen möchte man oft aus einer Vielzahl in der Frequenz verschiedener Spannungen nur eine bestimmte Spannung verstärken. Auch diese Aufgabe läßt sich mit schmalbandigen Verstärkern lösen.

Ein Beispiel für einen Resonanzverstärker zeigt Bild 5.72. Er entspricht weitgehend dem Widerstandsverstärker in Emitterschaltung. Als Kollektorwiderstand verwendet man aber einen Schwingkreis RLC.

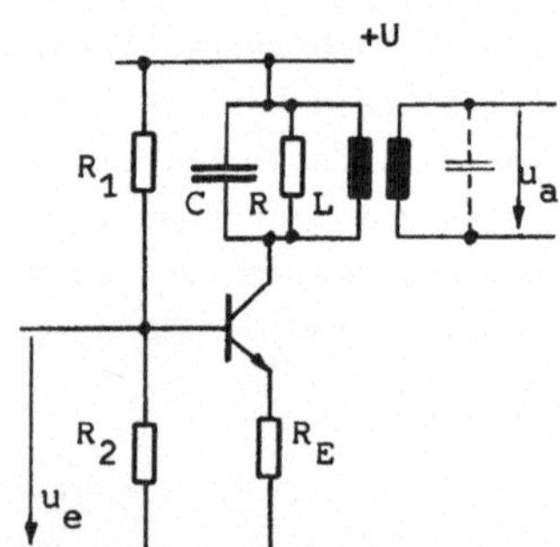

Bild 5.72
Resonanzverstärker

Die Verstärkung folgt jetzt dem Verlauf des Scheinwiderstandes Z des Schwingkreises über der Frequenz f (s. Abschn. 5.5.2.1). Mit der Resonanzfrequenz des Kreises f_o, der Kreisgüte $Q = R/2\pi f_o L$ und dem Resonanzwiderstand des Kreises Z_o definiert man die Verstimmung

$$v_f = \frac{f}{f_o} - \frac{f_o}{f} \qquad\qquad (5.152)$$

und errechnet mit Gl. (5.141) die Verstärkung

$$v = -SZ = -S\frac{Z_o}{\sqrt{1 + v_f^2 Q^2}} \qquad\qquad (5.153)$$

Es gilt Z_o = R, wenn in R die Verluste der Spule und des Kondensators mit eingerechnet sind.

Mit zunehmender Frequenz wird es immer schwieriger, gute Verstärker zu bauen, weil Schaltkapazitäten und Laufzeiten eine wachsende Rolle spielen. Man setzt daher oft das zu verstärkende Signal in einen Bereich niedrigerer Frequenz um, bevor der Hauptteil der Verstärkung erfolgt. Ein Beispiel dafür zeigt Bild 5.73. Die von der Antenne gelieferte Spannung wird vorverstärkt und in einem Mischer mit der Spannung eines Oszillators multipliziert. Die entstehende untere Seitenfre-

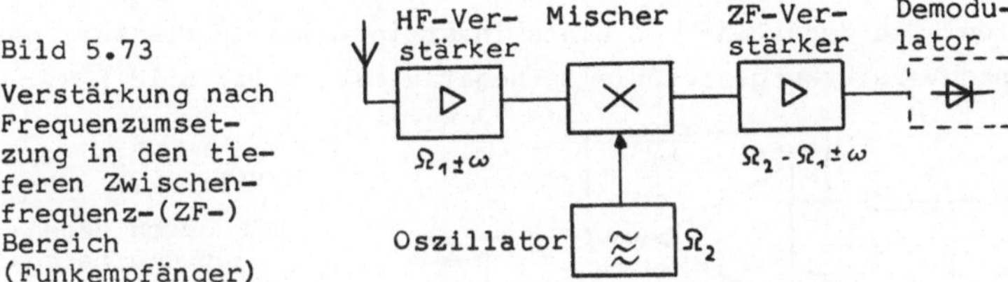

Bild 5.73

Verstärkung nach Frequenzumsetzung in den tieferen Zwischenfrequenz-(ZF-)Bereich (Funkempfänger)

quenz wird dann weiter verstärkt. Schaltungen dieser Art sind in Funkempfängern üblich; sie werden dann Überlagerungsempfänger oder Superhetempfänger genannt. Dieses Schaltungsprinzip bietet zudem den Vorteil, daß man bei fest abgestimmten Resonanzverstärkerkreisen im ZF-Verstärker durch einfaches Ändern der Oszillatorfrequenz Ω_2 Spannungen verschiedener Frequenz verstärken kann.

5.5.1.3 Operationsverstärker

Viele Verstärker können mit Operationsverstärkern (abgekürzt OP) aufgebaut werden. Dies sind Verstärkerbausteine, deren

Eigenschaften idealisierten Anforderungen recht nahe kommen.
Bild 5.74 zeigt das Schaltsymbol. Die Eigenschaften eines

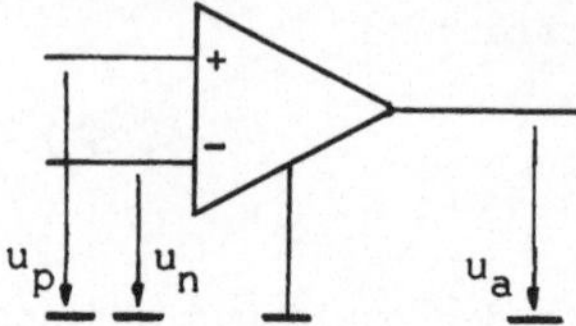

Bild 5.74

Operationsverstärker (OP)

idealen Operationsverstärkers sind:

Eingangswiderstand $r_e \longrightarrow \infty$

Differenzspannungsverstärkung $v_d \longrightarrow \infty$

Ausgangswiderstand $r_a \longrightarrow 0$

Die käuflichen, meist als integrierte Schaltung ausgeführten
Operationsverstärker erfüllen diese Anforderungen für viele
Anwendungen genügend genau.

Wenn man einen OP als Verstärker mit definierter Verstärkung
einsetzen will, muß man ihn mit einer Gegenkopplung beschal-
ten. Die Schaltung für einen invertierenden Verstärker, dessen Verstärkungsfaktor also negativ ist, zeigt Bild 5.75.

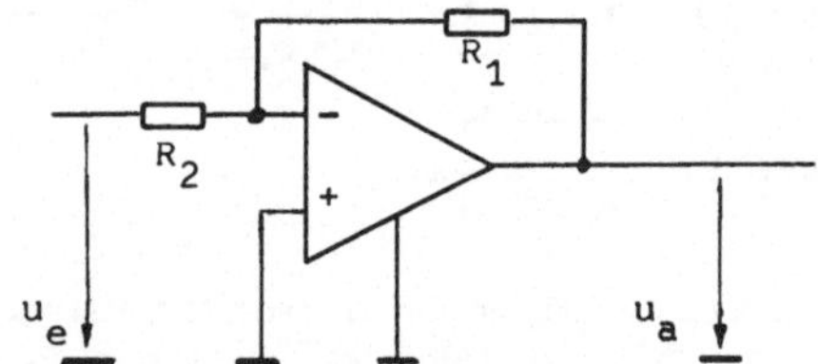

Bild 5.75

OP durch Gegen-
kopplung beschal-
tet als invertie-
render Verstärker

Wegen $v_d \longrightarrow \infty$ ist $u_n = u_a/v_d = 0$ (virtuelle Masse). Da
außerdem wegen $r_e \longrightarrow \infty$ der Eingangsstrom Null ist, muß für den
Knoten am Minus-Eingang gelten

$$- \frac{u_e}{R_2} = \frac{u_a}{R_1} \qquad \text{oder} \qquad v = \frac{u_a}{u_e} = - \frac{R_1}{R_2} \qquad (5.154)$$

Man erhält einen definierten, durch zwei äußere Widerstände
einstellbaren Verstärkungsfaktor.

Der als nicht invertierender Verstärker beschaltete Operati-

onsverstärker wird bereits in Abschn. 5.3.1.3 behandelt. Bild
5.76 zeigt die Schaltung.

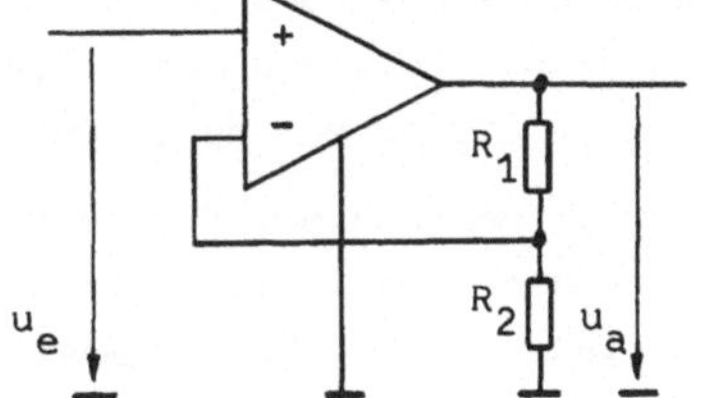

Bild 5.76

OP durch Gegenkopplung
beschaltet als nicht
invertierender Verstärker

Der Verstärkungsfaktor ergibt sich aus Gl. (5.45) zu

$$v = \frac{R_1 + R_2}{R_2}$$

Obwohl es spezielle HF-Operationsverstärker gibt, deren Transitfrequenz (das ist die Frequenz, bei der der Verstärkungsfaktor den Wert 1 bzw. O dB hat, siehe Bild 5.77) über 1 GHz
liegt, ist der Betriebsbereich normaler Operationsverstärker
auf relativ niedrige Frequenzen beschränkt. Bild 5.77 zeigt
den Verlauf der Verstärkung eines normalen Operationsverstärkers über der Frequenz.Auffallend sind die niedrige Grenz-

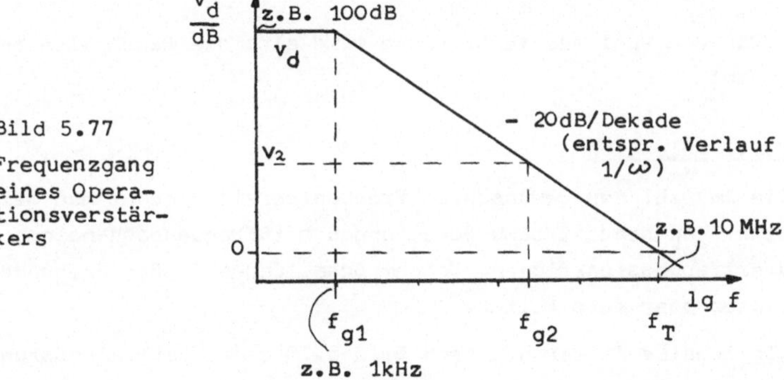

Bild 5.77

Frequenzgang
eines Opera-
tionsverstär-
kers

frequenz f_{g1} der Differenzspannungsverstärkung v_d und der
weite Bereich, in dem diese Verstärkung mit - 20 dB/Frequenz-
dekade abfällt. Dies entspricht einem Verlauf 1/ω , der durch
eine dominierende RC-Zeitkonstante (vgl. Bild 5.84) absichtlich herbeigeführt wird. Man nennt dies Frequenzgangkompensation. Sie ist entweder bereits innerhalb des Bausteins ein-

gebaut (interne Frequenzgangkompensation), oder sie muß durch
äußere Beschaltung vorgenommen werden (externe Frequenzgangkompensation). Man macht dies aus Gründen der Stabilität, d.
h. der Sicherheit gegen ungewollte Schwingungen.

Der im Bereich des Verstärkungsabfalls von 20 dB/Dekade dominierende kapazitive Widerstand hat über der Kreisfrequenz den
Verlauf $-j/\omega C$. Der zugehörige Phasenwinkel der Verstärkung
ist in diesem Bereich konstant gleich $- 90^{\circ}$ (s. auch Bild
5.84). Die Gegenkopplung kann also nicht in eine Mitkopplung
umschlagen, die Voraussetzung für die Schwingungserregung ist.
Im Bereich sehr hoher Frequenzen ist wegen $v_d < 1$ die Ampli-
tudenbedingung für die Schwingungserregung nicht mehr erfüllt,
so daß dort auch zusätzliche Phasendrehungen nicht zu Insta-
bilität führen.

Das Produkt aus Verstärkung v_d und Bandbreite (= oberer Grenzfrequenz) ist im Gebiet des Abfalls von 20 dB/Frequenzdekade
konstant und gleich der Transitfrequenz

$$f_T = Bv = const. \tag{5.155}$$

Durch die Wahl der Verstärkung wird also die Bandbreite bestimmt.

5.5.2 Selektion

Die Auswahl der gewünschten Frequenzbereiche nennt man Selektion. Man benutzt dazu Schaltungen mit frequenzabhängigen
Übertragungsfunktionen. Solche Schaltungen heißen Frequenz-
filter oder kurz Filter.

Ein ideales Filter hat nach Bild 5.78 eine Übertragungsfunktion, die in den Sperrbereichen den Wert Null und im Durchlaßbereich einen definierten Wert hat, z.B. 1. Für Filter
gilt, ähnlich wie für Signale nach Abschn. 3.3.3, mit der
Bandbreite B des Durchlaßbereiches und der Einschwingzeit t
des Filters ein Zeitgesetz der Form

$$Bt = const. \tag{5.156}$$

Je schmalbandiger also ein Filter ist, desto größer ist die
Einschwingzeit.

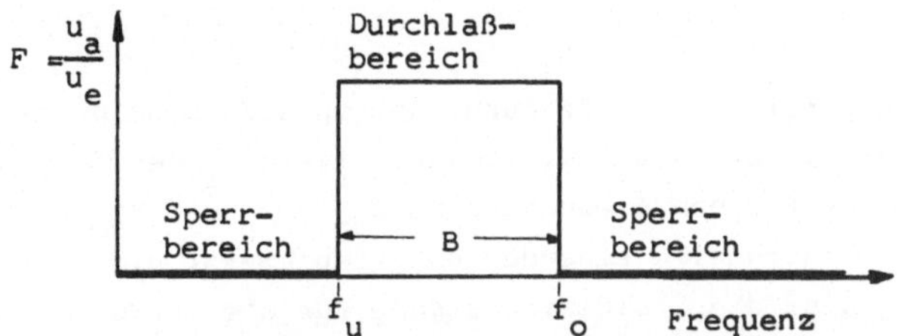

Bild 5.78   Durchlaßkurve eines idealen Filters

Dieser Idealverlauf der Übertragungsfunktion läßt sich grundsätzlich nicht realisieren. Man sucht ihn in den technischen
Filterschaltungen anzunähern.

Es werden auch Filter gebaut, deren Durchlaßkurve mit Absicht
anders als die ideale Kurve ist. Solche Filter werden zum
Ausgleich von Dämpfungsverzerrungen (s. Abschn. 4.3.1.1) verwendet und heißen Entzerrerfilter.

5.5.2.1 Schwingkreise und Bandfilter

Schwingkreise und Bandfilter werden besonders in der Hochfrequenztechnik zur Frequenzselektion eingesetzt. Bild 5.79
zeigt die Schaltungen von Parallel- und Serienschwingkreis.

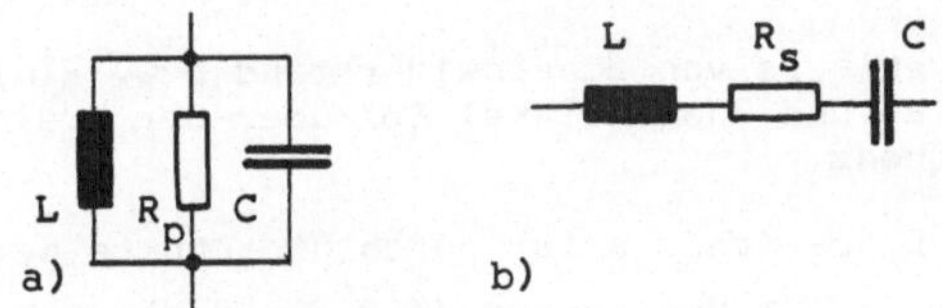

Bild 5.79   Schwingkreise
            a) Parallelschwingkreis b) Serienschwingkreis

Die Indizes p bzw. s stehen im folgenden für Parallel- bzw.
Serienschwingkreis. Die Frequenz, bei der der induktive und
der kapazitive Blindwiderstand gleich sind, nennt man Resonanzfrequenz f_o. Für die Resonanzkreisfrequenz $\omega_o = 2\pi f_o$
gilt dann

$$X_L = \omega_0 L = X_C = \frac{1}{\omega_0 C}$$

oder

$$\omega_0^2 = \frac{1}{LC} \tag{5.157}$$

In Abhängigkeit von der Frequenz ändern sich Scheinwiderstand Z_p des Parallelkreises bzw. Scheinleitwert Y_s des Serienkreises. Bei der Resonanzfrequenz sind $Z_{po} = R_p$ und $Y_{so} = R_s$, weil die Blindanteile einander entgegengesetzt gleich sind. R_p und R_s sind die Ersatzwiderstände für die Verluste und schließen eventuell absichtlich eingebaute Dämpfungswiderstände mit ein. Bild 5.80 zeigt die Resonanzkurven, das sind die Verläufe von Z_p und Y_s über der Frequenz, und die zugehörigen Verläufe der Phasenwinkel. Darin ist $G_s = 1/R_s$.

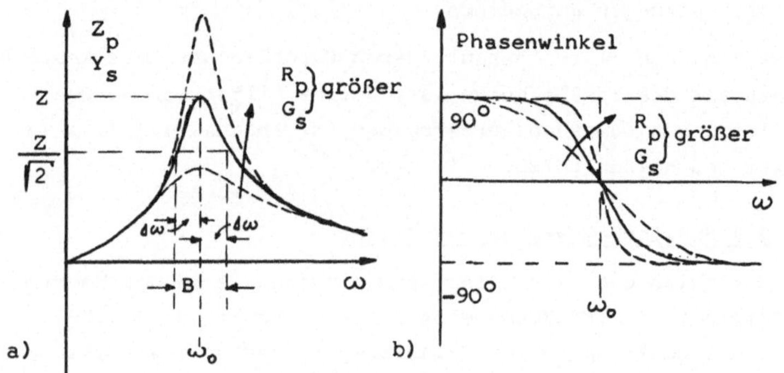

Bild 5.80   Verläufe von Scheinwiderstand bzw. -leitwert (a) und Phasenwinkel (b) über der Kreisfrequenz

Die Bandbreite B des Kreises ist durch die Punkte definiert, an denen Z_p bzw. Y_s um den Faktor $1/\sqrt{2} \triangleq -3$ dB abgesunken sind. Diese Punkte sind für die Reihenschaltung dadurch gegeben, daß

$$R_s = X_L - X_C \tag{5.158}$$

ist. Damit wird nämlich

$$Y_s = 1/\sqrt{R_s^2 + (X_L - X_C)^2} = 1/\sqrt{2R_s^2} = Y_{so}/\sqrt{2}$$

Mit $X_L = (\omega_0 + \Delta\omega)L$ und $X_C = 1/[(\omega_0 + \Delta\omega)C]$ ist ($\Delta\omega$ aus Bild 5.80)

$$R_s = \omega_0 L + \Delta\omega L - \frac{1}{\omega_0 C} \; \frac{1}{1 + \frac{\Delta\omega}{\omega_0}}$$

Entwickelt man $1/[1 + (\Delta\omega/\omega_0)]$ in eine Reihe, die nach dem linearen Glied abgebrochen wird, so gilt

$$R_s = \omega_0 L + \Delta\omega L - \frac{1}{\omega_0 C}\left(1 - \frac{\Delta\omega}{\omega_0}\right) \qquad (5.159)$$

Berücksichtigt man die Resonanzbedingung $\omega_0 L = 1/\omega_0 C$, kann man schreiben

$$R_s = \omega_0 L \frac{\Delta\omega}{\omega_0} + \frac{1}{\omega_0 C}\frac{\Delta\omega}{\omega_0} = 2\,\omega_0 L \frac{\Delta\omega}{\omega_0} = \frac{2}{\omega_0 C}\frac{\Delta\omega}{\omega_0}$$

oder

$$\frac{R_s}{\omega_0 L} = \frac{2\Delta\omega}{\omega_0} = R_s\,\omega_0 C = \frac{1}{Q_s} \qquad (5.160)$$

Für den Parallelkreis gilt entsprechend

$$\frac{\omega_0 L}{R_p} = \frac{2\Delta\omega}{\omega_0} = \frac{1}{R_p\,\omega_0 C} = \frac{1}{Q_p} \qquad (5.161)$$

Q_s bzw. Q_p sind darin jeweils die Güten des Schwingkreises. Die Bandbreite des Schwingkreises

$$B = 2\Delta\omega = \frac{\omega_0}{Q} \qquad (5.162)$$

läßt sich durch die Güte bzw. die Widerstände R_s oder R_p einstellen. Bei Resonanzverstärkern in Funkempfängern beispielsweise muß die Bandbreite des Kreises so groß sein, daß auch die Seitenfrequenzen (s. Abschn. 5.2.1) mit verstärkt werden.

Bandfilter sind gekoppelte Schwingkreise. Bild 5.81 zeigt ein induktiv gekoppeltes Bandfilter. Die Kopplungsfaktoren k sind klein. Daher sind die Spulen meist nur über den magnetischen Streufluß durch die Luft oder den Wickelkörper verbunden. Der Kopplungsfaktor bestimmt, wie in Bild 5.82 qualitativ verdeutlicht, wesentlich den Verlauf der Durchlaßkurven, die der

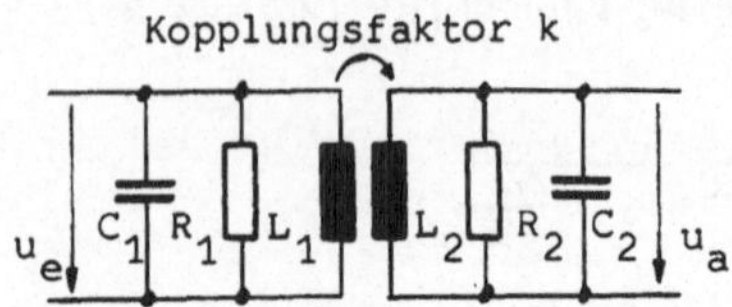

Bild 5.81

Induktiv gekoppeltes
Bandfilter

idealen Filterkurve nach Bild 5.78 zum Teil recht nahe kommen.
Bandfilter werden insbesondere in Funkempfängern ausgiebig
verwendet.

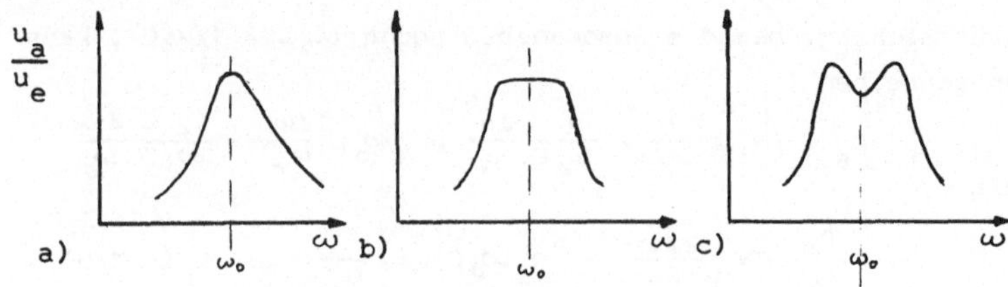

Bild 5.82 Durchlaßkurven des Bandfilters
a) lose, b) festere, c) feste Kopplung

5.5.2.2 Hoch-, Tief- und Bandpässe

Unter diesen Begriffen versteht man allgemein frequenzabhän-
gige Schaltungen. Das in Bild 5.78 gezeigte Filter stellt einen Bandpaß dar, weil es das Frequenzband zwischen den Grenzfrequenzen f_o und f_u passieren läßt. Ist die untere Grenzfrequenz $f_u = 0$, so spricht man von einem Tiefpaß; ist die obere
Grenzfrequenz $f_o \rightarrow \infty$, hat man einen Hochpaß. Filter können
aus Widerständen, Spulen, Kondensatoren und Verstärkern aufgebaut sein. Werden nur Widerstände und Kondensatoren verwendet, so spricht man von RC-Filtern.

RC-Filter. Bild 5.83 zeigt einen RC-Tiefpaß 1. Ordnung, d.h.
mit einer Zeitkonstanten $\tau = RC$.

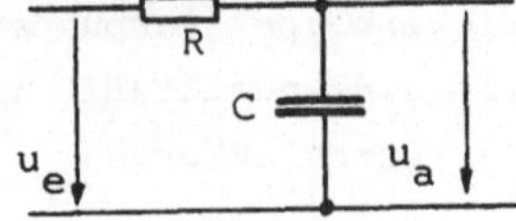

Bild 5.83
RC-Tiefpaß

Sein Frequenzgang ist

$$F = \frac{u_a}{u_e} = \frac{1/j\omega C}{R + 1/j\omega C} = \frac{1}{1 + j\omega RC} \qquad (5.163)$$

Als Grenzkreisfrequenz ω_E bezeichnet man den Punkt, an dem der Betrag von F um den Faktor $1/\sqrt{2}$ abgesunken ist. Dann gilt

$$\left| F_{(\omega_E)} \right| = \frac{1}{\sqrt{2}} = \frac{1}{\sqrt{1 + \omega_E^2 R^2 C^2}} \qquad (5.164)$$

Daraus folgt

$$\omega_E RC = 1 \quad \text{oder} \quad \omega_E = \frac{1}{RC} \qquad (5.165)$$

Der Phasenwinkel von

$$F = \frac{1 - j\omega RC}{1 + \omega^2 R^2 C^2} \qquad (5.166)$$

ist für ω_E $\varphi_E = 45°$, weil hier Real- und Imaginärteil gleich sind. Für $\omega \to 0$ wird der Phasenwinkel $\varphi = 0$, für $\omega \to \infty$ wird er zu $\varphi = 90°$. Für $\omega \to 0$ geht der Betrag von F gegen 1, für $\omega \gg \omega_E$ nimmt $|F|$ mit $1/\omega$ ab. Die Verläufe von $|F|$ und Phasenwinkel φ sind in Bild 5.84 dargestellt. Diese Darstellung

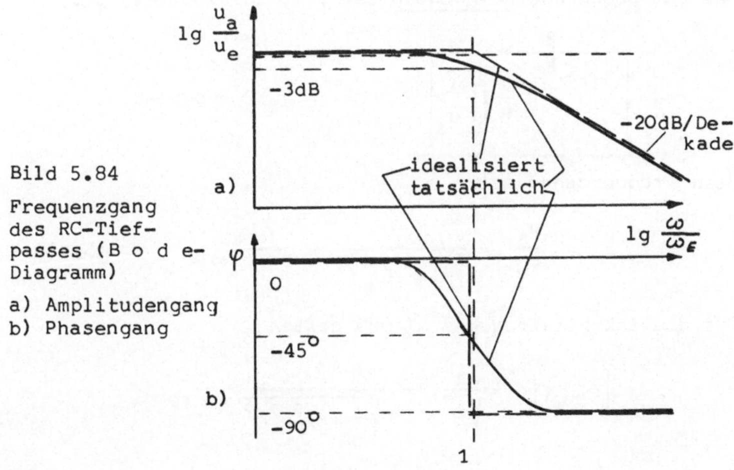

Bild 5.84

Frequenzgang des RC-Tief- passes (B o d e- Diagramm)

a) Amplitudengang
b) Phasengang

mit logarithmischen Maßstäben für Kreisfrequenz und Amplitu-
denverhältnis nennt man B o d e-Diagramm. Aus Bild 5.84 wird
deutlich, warum die Grenzkreisfrequenz ω_E hier Eckkreisfrequenz heißt, denn diese Frequenz wird durch die Ecke bestimmt,
in der die Asymptoten des idealisierten Frequenzganges zusam-
mentreffen.

Die Beschreibung des Kondensators durch seinen kapazitiven
Widerstand $X_C = 1/j\omega C$ setzt sinusförmige Spannungen voraus.
Im allgemeinen Fall gilt für die Spannung an der Kapazität
des Tiefpasses nach Bild 5.83

$$u_a = \frac{1}{C} \int i \, dt = \frac{1}{RC} \int (u_e - u_a) \, dt \qquad (5.167)$$

Wegen dieses integrierenden Verhaltens wird der Tiefpaß auch
Integrierglied genannt. Bild 5.85 zeigt die Ausgangsspannung
bei rechteckförmiger Eingangsspannung.

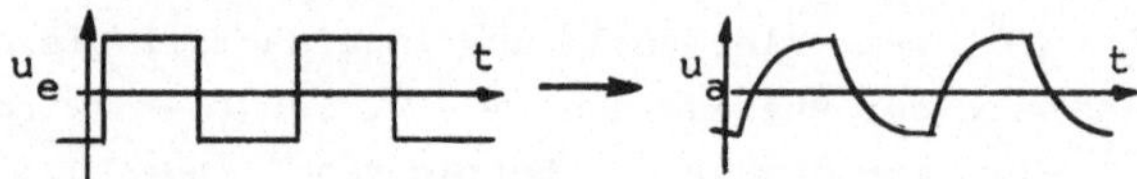

Bild 5.85   Integrierendes Verhalten des Tiefpasses

Der entsprechende RC-Hochpaß ist in Bild 5.86 gezeigt.

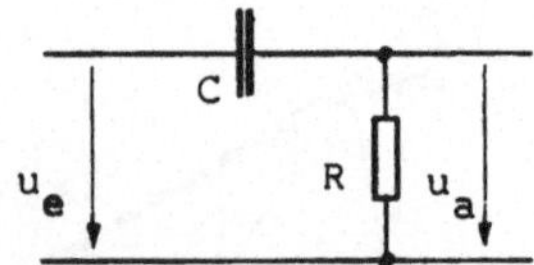

Bild 5.86
RC-Hochpaß

Sein Frequenzgang ist

$$F = \frac{u_a}{u_e} = \frac{R}{R + 1/j\omega C} = \frac{j\omega RC}{1 + j\omega RC} \qquad (5.168)$$

Für die Eckkreisfrequenz ω_E muß gelten

$$\left| F_{(\omega_E)} \right| = \frac{1}{\sqrt{2}} = \frac{\omega_E RC}{\sqrt{1 + \omega_E^2 R^2 C^2}}$$

Daraus folgt wieder

$$\omega_E = \frac{1}{RC}$$

Der Verlauf des Frequenzganges

$$F = \frac{\omega^2 R^2 C^2 + j\omega RC}{1 + \omega^2 R^2 C^2} \qquad (5.169)$$

nach Betrag und Phase über der Kreisfrequenz ist im Bode-Diagramm Bild 5.87 dargestellt.

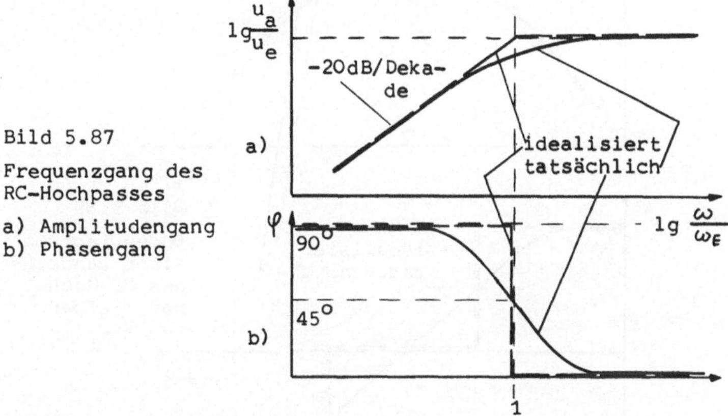

Bild 5.87

Frequenzgang des
RC-Hochpasses

a) Amplitudengang
b) Phasengang

Läßt man für den RC-Hochpaß beliebige Spannungsformen zu, so wird die Ausgangsspannung $u_a = iR$. Mit $i = C\,du/dt$ ist dann

$$u_a = RC\,\frac{d(u_e - u_a)}{dt} \qquad (5.170)$$

Deshalb wird der Hochpaß auch Differenzierglied genannt. Bild 5.88 zeigt den Verlauf der Ausgangsspannung bei rechteckförmiger Eingangsspannung.

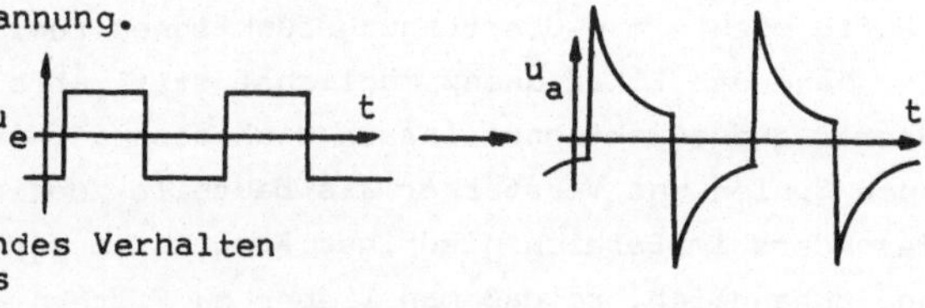

Bild 5.88

Differenzierendes Verhalten
des Hochpasses

Einen <u>Bandpaß</u> erhält man, indem man einen Hochpaß und einen
Tiefpaß in Reihe schaltet. Den resultierenden Frequenzgang
kann man durch Überlagerung der beiden Bode-Diagramme zu einem gemeinsamen Diagramm ermitteln. So entsteht nach Bild
5.89 ein Bandpaß, dessen untere Grenzfrequenz durch die Eckkreisfrequenz ω_{EH} des Hochpasses und dessen obere Grenzfrequenz durch die Eckkreisfrequenz ω_{ET} des Tiefpasses gegeben
ist.

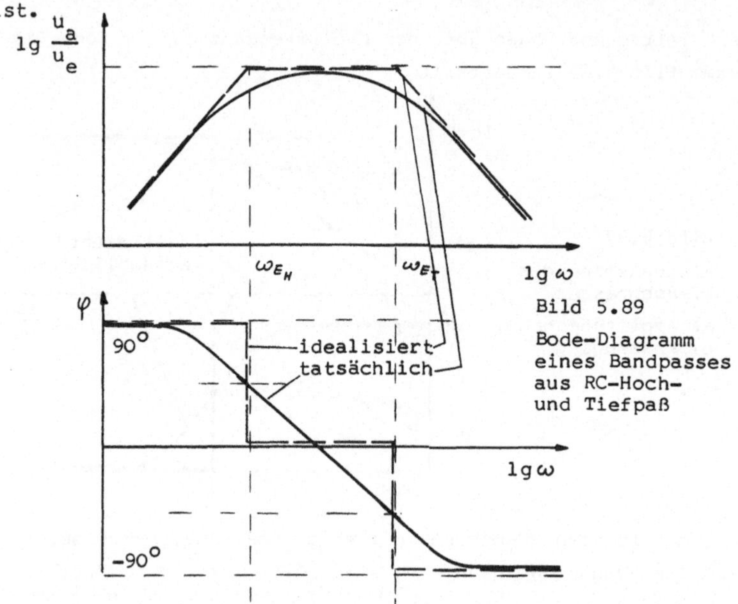

Bild 5.89

Bode-Diagramm
eines Bandpasses
aus RC-Hoch-
und Tiefpaß

Der Abfall der Übertragungsfunktion der RC-Filter in den
Sperrbereichen ist proportional $1/\omega$. Steiler abfallende Frequenzgänge erhält man durch RC-Filter höherer Ordnung, d.h.
mit mehreren RC-Zeitkonstanten.

Häufig möchte man Übertragungsfunktionen realisieren, die in
der Nähe der Eckfrequenz möglichst steil abfallen. Solche
Übertragungsfunktionen lassen sich dann verwirklichen, wenn
auch Spulen und Verstärker als Bauteile zugelassen werden.
Besonders im Bereich niedriger Frequenzen sind Spulen teuer
und unhandlich, so daß man lieber zu Filtern mit Verstärkern

oder "aktiven Filtern" greift.

Besonders gebräuchliche Übertragungsfunktionen für Filter
sind die nach T s c h e b y s c h e f f, B u t t e r w o r t h
und B e s s e l.
Als Beispiel seien hier Tiefpaßfilter angeführt. Die Übertragungsfunktion eines Tiefpaßfilters n-ter Ordnung ist mit den
Zeitkonstanten $T_1 \ldots T_n$ allgemein

$$F = \frac{1}{(1 + sT_1)(1 + sT_2)(1 + sT_3)\ldots} \qquad (5.171)$$

Beschränkt man sich auf $n = 2$, so wird

$$F = \frac{1}{1 + s(T_1 + T_2) + s^2 T_1 T_2} \qquad (5.172)$$

Es ist üblich, die Frequenz auf die Eckfrequenz zu normieren.
Ist die Kreisfrequenz $s = j\omega$, so wird die normierte Frequenz $S = j\omega/\omega_E = j\Omega$. Damit wird die Übertragungsfunktion

$$F = \frac{1}{1 + Sa_1 + S^2 a_2} \qquad (5.173)$$

Die Konstanten sind jetzt in a_1, a_2 zusammengefaßt. Diese
Werte bestimmen den Filtertyp, z.B. Bessel- oder Tscheby-
scheff-Filter. Die jeweils erforderlichen Koeffizienten sind
tabelliert (z.B. /16/).

Das Verhalten der genannten drei Filtertypen im Frequenz- und
im Zeitbereich zeigt Bild 5.90. Dort sind der Frequenzgang
und die Sprungantwort abgebildet. Die Sprungantwort ist der
zeitliche Verlauf der Ausgangsspannung nach einem (unendlich
steilen) Spannungssprung am Eingang des Filters. Man sieht,
daß einem steilen Abfall der Übertragungsfunktion im Frequenzbereich eine lange Einschwingzeit im Zeitbereich entspricht.
Dies ist nach dem Zeitgesetz Gl. (5.165) auch zu erwarten.

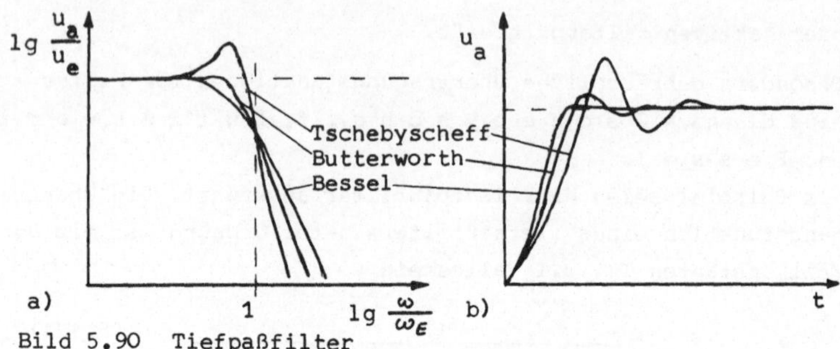

Bild 5.90   Tiefpaßfilter
a) Frequenzgang b) Sprungantwort

Wir betrachten als Beispiel ein aktives Tiefpaßfilter 2. Ordnung nach Bild 5.91

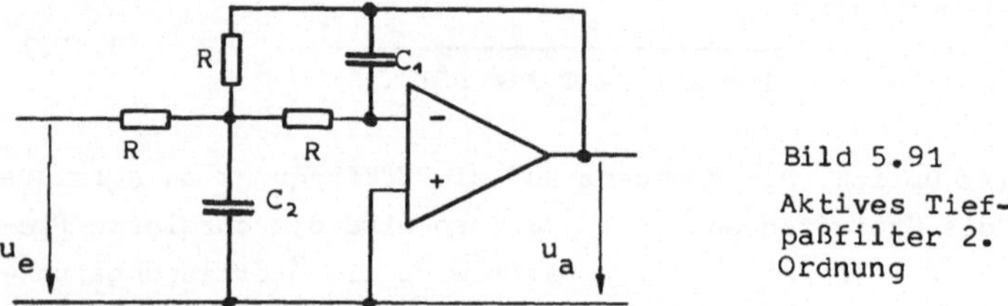

Bild 5.91

Aktives Tiefpaßfilter 2. Ordnung

An Hand der Schaltung läßt sich die Übertragungsfunktion aufstellen, sie ist

$$F = \frac{1}{1 + 3RC_1 s + R^2 C_1 C_2 s^2} \qquad (5.174)$$

Mit der Normierung $S = s/\omega_E$ gilt dann

$$F = \frac{1}{1 + 3\omega_E RC_1 S + \omega_E^2 R^2 C_1 C_2 S^2} \qquad (5.175)$$

Der Koeffizientenvergleich mit Gl. (5.173) liefert

$$a_1 = 3\omega_E RC_1 \qquad (5.176)$$

$$a_2 = \omega_E^2 R^2 C_1 C_2 = \omega_E RC_2 a_1/3 \qquad (5.177)$$

Wenn man die gewünschte Charakteristik erhalten will, müssen diese Koeffizienten bis auf etwa 1 % Abweichung eingehalten

werden. Man gibt sich die Widerstände R zweckmäßigerweise vor,
z.B. als Metallschichtwiderstände. Für die Kapazitäten folgt
dann

$$C_1 = \frac{a_1}{3\omega_E R} \qquad \text{und} \quad C_2 = \frac{3a_2}{\omega_E R a_1} \qquad (5.178)$$

Die Filtercharakteristiken sind nur in der Nähe der Eckfrequenz unterschiedlich. Für Frequenzen $\omega \gg \omega_E$ verläuft der
Frequenzgang einheitlich proportional $1/\omega^n$ entsprechend
n·20 dB/Dekade. n ist darin die Ordnung des Filters, d.h. die
Anzahl der Energiespeicher.

5.5.3.2 Digitale Filter

In digitalen Übertragungssystemen ist es vorteilhaft, notwen-
dige Frequenzfilterungen auch digital vorzunehmen. Geeignete
Filter, die mit kodierten Abtastwerten arbeiten, nennt man
digitale Filter. Die Funktionsweise solcher Filter soll jetzt
erläutert werden.

Nach Abschn. 5.5.2.2 hat ein Tiefpaß integrierendes Verhalten.
Wir stellen uns jetzt einen digitalen Integrator vor und un-
tersuchen dessen Verhalten im Zeit- und im Frequenzbereich.
Bild 5.92 zeigt einen Spannungssprung, der mit der Abtastfre-

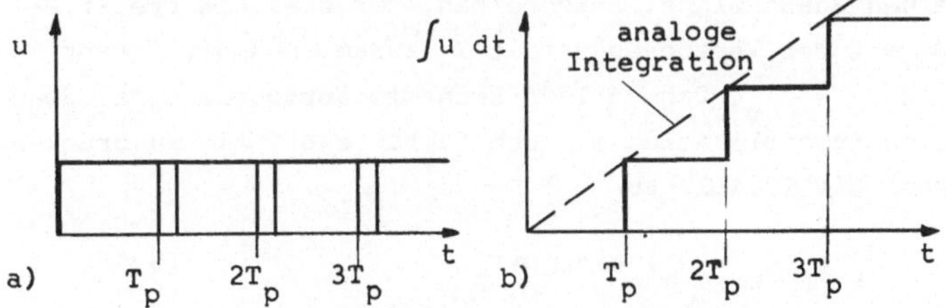

Bild 5.92   Zur Verarbeitung abgetasteter Signale
            a) Spannungssprung mit Abtastwerten
            b) Integration durch Aufsummieren der
               Abtastwerte

quenz $1/T_p$ abgetastet wird. Das Teilbild 5.92 b zeigt die In-
tegration dieser Folge von Abtastwerten durch Aufsummieren.
Mit der laufenden Nummer n = 1,2,3... des Abtastzeitpunktes

gilt

$$\int u \, dt = \sum_{n=1}^{\infty} u_{(nT_p)} \qquad (5.179)$$

Für den Spannungssprung ergibt dies eine Treppenkurve. Eine
entsprechende Integrierschaltung zeigt Bild 5.93. Zu der Eingangsspannung wird die um eine Abtastzeit T_p verzögerte Ausgangsspannung addiert und diese Summe wieder auf die Verzögerungsschaltung (z.B. ein Schieberegister) gegeben.

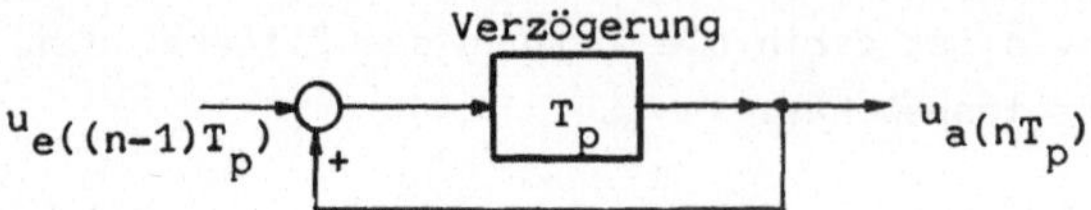

Bild 5.93   Integrator für Abtastwerte (digitaler
            Integrator)

Die Ausgangsspannung zum Zeitpunkt nT_p ist

$$u_{a(nT_p)} = u_{e((n-1)T_p)} + u_{a((n-1)T_p)} \qquad (5.180)$$

Dies ist die Beschreibung der Treppenkurve im Zeitbereich.
Zur Untersuchung des Verhaltens im Frequenzbereich betrachten
wir zunächst die Verzögerungsschaltung. Nach den Überlegungen
in Abschn. 5.4.1.2 kann man eine Lauf- oder Verzögerungszeit
durch einen Phasenwinkel beschreiben, der über die Kreisfrequenz ω mit der Verzögerungszeit T_p zusammenhängt. Dieser
Winkel ist $\varphi = \omega T_p$. Danach läßt sich die Verzögerung der Spannung durch Multiplikation mit dem Faktor $\exp j\omega T_p$ ausdrücken.
Somit wird Gl. (5.180) zu

$$u_a = (u_e + u_a) \exp j\omega T_p \qquad (5.181)$$

Durch Umformen erhält man

$$F' = \frac{u_a}{u_e} = \frac{1}{\exp(-j\omega T_p) - 1} \qquad (5.182)$$

F' ist die digitale Übertragungsfunktion. Mit Hilfe der E u -
l e r -schen Formel $\exp jx = \cos x + j \sin x$ und den Beziehungen $\cos(-x) = \cos x$ und $\sin(-x) = - \sin x$ erhält man

$$F' = \frac{1}{\cos\omega T_p - j\,\sin\omega T_p - 1}$$

und

$$|F'| = \frac{1}{\sqrt{2 - 2\,\cos\omega T_p}} \qquad\qquad (5.183)$$

Der Verlauf von $|F'|$ über der Frequenz ist mit der Periode $2\pi/T_p$ periodisch. Wegen dieser Periodizität muß sichergestellt sein, daß die Kreisfrequenz π/T_p größer als die höchste Signalkreisfrequenz ω_{max} ist (Bild 5.94)

$$\frac{\pi}{T_p} > 2\pi f_{max} \qquad \text{oder} \qquad \frac{1}{T_p} > 2\,f_{max} \qquad (5.184)$$

Diese Bedingung ist identisch mit dem Abtasttheorem. Sie stellt daher keine Einschränkung der Verwendbarkeit digitaler Filter dar, weil die Abtastung ohnehin nur für frequenzbandbegrenzte Signale möglich ist (s. Abschn. 3.4). Bild 5.94 zeigt den Verlauf von F' über der Kreisfrequenz. Der nutzbare

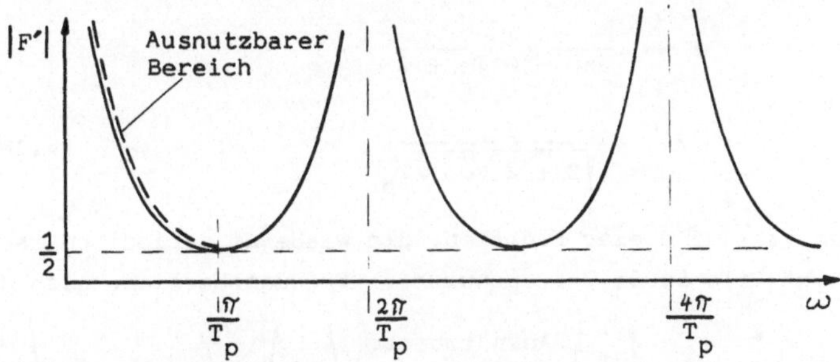

Bild 5.94 Verlauf des Betrages der digitalen Übertragungsfunktion F' des Integrators nach Bild 5.93

Frequenzbereich ist gestrichelt hervorgehoben. Es zeigt sich, wie bei dem Integrator erwartet, ein <u>Tiefpaßverhalten</u>.

<u>Hochpaßverhalten</u> ergibt sich, wenn man einen digitalen Differenzierer verwendet, wie ihn Bild 5.95 zeigt. Der Differenzierer ergibt sich aus dem Integrator nach Bild 5.93 dadurch,

daß man das Vorzeichen der Rückführung vertauscht. Für den
Spannungssprung nach Bild 5.92 a beispielsweise ergibt sich
die Ausgangsspannung Null. Dies ist auch zu erwarten, weil
die Ableitung einer Konstanten Null ist.

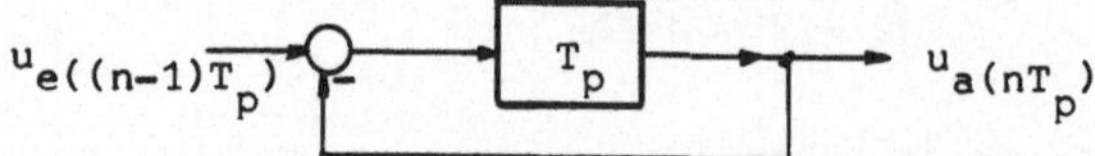

Bild 5.95   Differenzierer für Abtastwerte (digitaler
            Differenzierer)

Für das Verhalten des Differenzierers im Zeitbereich gilt

$$u_{a(nT_p)} = u_{e((n-1)T_p)} - u_{a((n-1)T_p} \qquad (5.185)$$

Im Frequenzbereich wird daraus

$$u_a = (u_e - u_a)\,\exp j\omega T_p \qquad (5.186)$$

Durch Überlegungen, die denen beim Integrator entsprechen,
kommt man zu einer digitalen Übertragungsfunktion

$$F' = \frac{1}{\exp(-j\omega T_p + 1}$$

und

$$|F'| = \frac{1}{\sqrt{2 + 2\,\cos\omega T_p}} \qquad (5.187)$$

Den Verlauf dieser Funktion, die wiederum periodisch ist,
zeigt Bild 5.96. Der ausnutzbare Frequenzbereich, also die

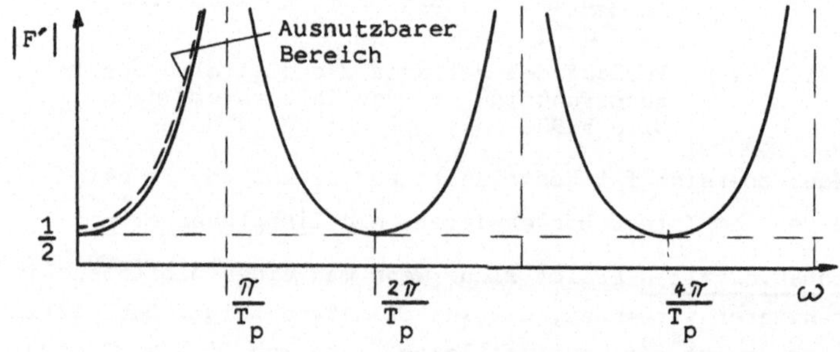

Bild 5.96   Frequenzgang des digitalen Differenzierers

erste halbe Periode, ist auch hier wieder gestrichelt hervorgehoben. Der Differenzierer hat Hochpaßcharakter.

Die genannten Beispiele Differenzierer und Integrator sind
einfache Strukturen, an denen die Funktionsweise digitaler
Filter erläutert werden sollte. Bei praktisch verwendeten Filtern benutzt man Strukturen nach Bild 5.97, das ein digitales
Filter 1. Ordnung zeigt.

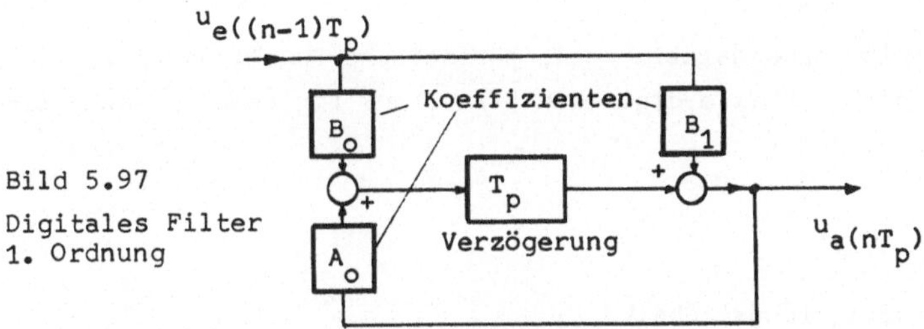

Bild 5.97
Digitales Filter
1. Ordnung

Bei der allgemeinen Berechnung solcher Filter setzt man meist
für die Übertragungsfunktion des Verzögerungsgliedes

$$\exp(-j\omega T_p) \;=\; z \tag{5.188}$$

("z-Transformation"). Für das Verhalten des digitalen Filters
im Zeitbereich folgt aus der Schaltung nach Bild 5.97

$$u_a(nT_p) \;=\; B_1 u_e(nT_p) + B_o u_e((n-1)T_p) + A_o u_a((n-1)T_p) \tag{5.189}$$

Für den Frequenzbereich folgt dann mit Gl. (5.188)

$$u_a \;=\; B_1 u_e + z^{-1}(B_o u_e + A_o u_a) \tag{5.190}$$

Daraus ergibt sich für die digitale Übertragungsfunktion

$$F' \;=\; \frac{u_a}{u_e} \;=\; \frac{B_1 + z^{-1}B_o}{1 - A_o z^{-1}} \tag{5.191}$$

Die Eigenschaften des Filters sind durch die Koeffizienten
A_o, B_o und B_1 bestimmt; sie lassen sich also durch "Program-
mieren" festlegen.

Die gezeigten Filterstrukturen eignen sich für kodierte (PCM)
und für unkodierte (PAM) Abtastwerte (s. Abschn. 5.2.2). Im
ersten Fall ist das Verzögerungsglied z. B. eine Eimerketten-
leitung, und die Koeffizienten werden durch Potentiometer eingestellt. Im zweiten Fall liegt ein echtes digitales Filter
vor. Hier wird die Verzögerung durch Schieberegister und die
Einstellung der Koeffizienten durch digitale Multiplikation
vorgenommen.

$|F'|$ ist grundsätzlich eine periodische Funktion der Frequenz,
so daß sich alle digitalen Filter nur für bandbegrenzte Signale eignen.

6 Vermittlungstechnik

Die Übertragung einer Nachricht vom Aufnahme- zum Wiedergabewandler ist nicht die einzige Aufgabe der Nachrichtentechnik.
Das gesamte Nachrichtenaufkommen ist sehr groß, so daß viele
Nachrichten gleichzeitig übermittelt werden müssen. Dabei muß
sichergestellt werden, daß die Nachrichten jeweils ihr beab-
sichtigtes Ziel erreichen. Oft ist zusätzlich gefordert, daß
die Nachricht nur einen Empfänger erreichen soll (z.B. Post-
geheimnis). Daher sind verschiedene Nachrichtennetze entstanden.

Rundfunk und Fernsehen wollen einen großen Kreis von Empfängern ansprechen. Die Aufgabe eines Rundfunk- und Fernsehnet-
zes ist daher, jedem Empfangswilligen auch die Aufnahme zu
ermöglichen. Dies hat zu einem Netz von Sendern geführt, die
Rundstrahlcharakteristik haben und deren Reichweiten so gewählt sind, daß das betreffende Gebiet flächendeckend versorgt ist.

Telefon- und Fernschreibnetz haben die Aufgabe, jeweils einen
bestimmten Absender mit einem bestimmten Empfänger zu verbinden. Dabei soll grundsätzlich sichergestellt sein, daß die

übertragene Nachricht Dritten nicht zugänglich ist. Solche
Aufgabenstellungen werden von zielgerichteten Übertragungsverfahren über Kabel, Lichtwellenleiter oder Richtfunkstrek-
ken erfüllt. Zu dieser Übertragung gehört noch eine zielge-
richtete Durchschaltung der Übertragungsstrecke zum gewünschten Empfänger. Dieser Verbindungsaufbau ist die Aufgabe der
Vermittlungstechnik.

Zusätzlich ist von Interesse, wie Übertragungswege mehrfach
ausgenutzt werden können; und schließlich möchte man abschät-
zen, wie groß der Bedarf an Übertragungskanälen ist.

6.1 Verbindungsaufbau

Ein Fernsprechnetz hat viele Teilnehmer. Der Aufbau des Net-
zes muß es ermöglichen, daß jeder Teilnehmer mit jedem gewünschten anderen verbunden werden kann. Deshalb ist jeder
Teilnehmer mit einer Vermittlungseinrichtung verbunden. Nun
ist es, wie in Abschn. 6.3 noch erläutert wird, äußerst un-
wahrscheinlich, daß alle Teilnehmer gleichzeitig sprechen
wollen. Dies würde, da jeweils zwei miteinander sprechen, bei
n Teilnehmern n/2 Verbindungsleitungen erfordern. Man stellt
daher nur m < n/2 Leitungen zur Verfügung. Die Vermittlungseinrichtung nach Bild 6.1 muß daher die n ankommenden Teil-
nehmerleitungen auf die m Verbindungsleitungen konzentrieren
und nach erfolgter Verbindung wieder auf die selben n Teil-
nehmerleitungen expandieren.

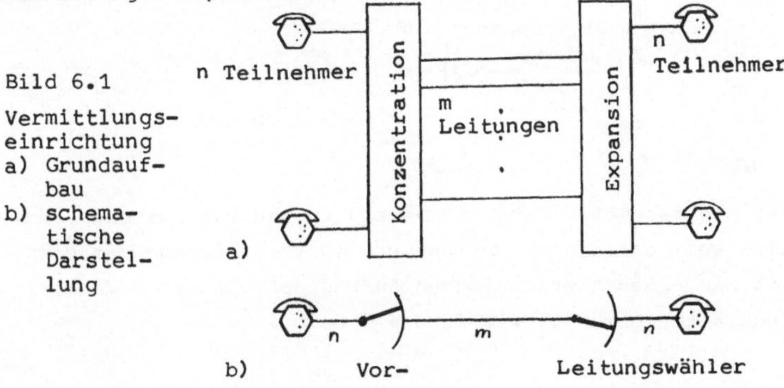

Bild 6.1

Vermittlungs-
einrichtung
a) Grundauf-
   bau
b) schema-
   tische
   Darstel-
   lung

Die in der schematischen Darstellung Bild 6.1 b gezeigten
Wähler sind entweder Taktzuordnungen in PCM-Systemen, rechner-
gesteuerte Koppelfelder (z.B. aus Reed-Kontakten) oder Wähler
im hergebrachten Sinne, also automatisch gesteuerte Drehschal-
ter.

Der Verbindungsaufbau wird durch dezimale Ziffernwahl gesteuert. Demzufolge baut man auch die Vermittlungsämter mit dezi-
malen Gruppen auf, was überdies den Vorteil hat, daß sich das
Amt relativ leicht erweitern läßt. Bild 6.2 zeigt als Beispiel
eine Vermittlungsanlage für maximal 10000 Teilnehmer, und
zwar im Teilbild a den prinzipiellen Aufbau und im Teilbild
b die schematische Darstellung mit Wählern. Hier ist auch die
Zuordnung der Stellen der Rufnummer zu den verschiedenen Wahl-
stufen eingezeichnet.

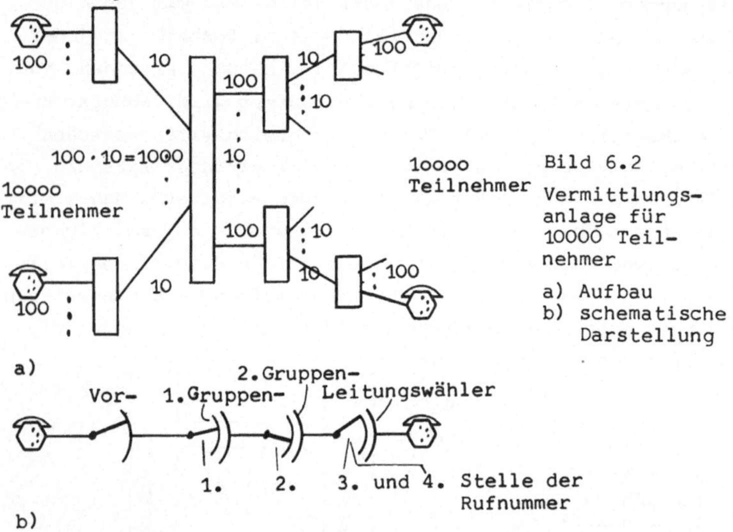

Bild 6.2
Vermittlungs-
anlage für
10000 Teil-
nehmer

a) Aufbau
b) schematische
Darstellung

Für die Fernwahl, d.h. den Verbindungsaufbau zwischen räum-
lich weit entfernten Teilnehmern in verschiedenen Städten,
hat man einen hierarchischen Aufbau der einzelnen Vermittlungsämter gewählt, wie Bild 6.3 zeigt.

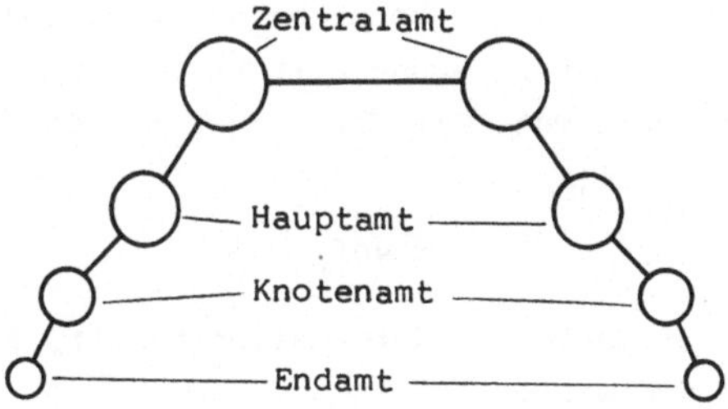

Bild 6.3

Hierarchische
Anordnung der
Vermittlungs-
ämter bei der
Fernwahl

6.2 Mehrfachausnutzung von Übertragungskanälen

Besonders aus Bild 6.2 wird deutlich, daß zwischen den Ver-
mittlungsämtern viele parallellaufende Leitungen installiert
werden müssen. Die technisch einfachste Lösung dafür ist das
Raumvielfach. Dies bedeutet, daß die nötige Anzahl Leitungen
parallel, d.h. raumbeanspruchend verlegt wird. Es leuchtet
ein, daß die Kosten bei großen Entfernungen beträchtlich sind,
z.B. für die Leitungen zwischen Zentralämtern. Aber auch
schon bei Ortsverbindungen kann es wirtschaftlicher sein,
statt des Raumvielfachs eines der beiden im folgenden beschriebenen Vielfachverfahren anzuwenden.

6.2.1 Zeitvielfach

Wir haben im Abschn. 3.4 gesehen, daß man bandbegrenzte Signale abgetastet übertragen kann. Aus dieser Kenntnis ist die
in Abschn. 5.2.2 beschriebene Pulskodemodulation entstanden.
Bild 6.4 greift die Pulskodemodulation noch einmal auf. Es
ist dort gezeigt, daß man für zwei gleichzeitig vorliegende
Signalspannungen u_1 und u_2 die Abtastzeitpunkte so versetzt
wählen kann, daß die kodierten Abtastwerte auf der selben
Leitung übertragen werden können. Am Empfangsort müssen die
beiden Kanäle nach Maßgabe des richtigen Zeitschlüssels wieder getrennt werden. Ist f_p die Abtastfrequenz und T die Wort-
länge eines PCM-Kodewortes, so lassen sich

$$n = \frac{1}{T\,f_p} \qquad\qquad (6.1)$$

Kanäle ineinanderschachteln. Diesem Vorteil steht gegenüber,
daß die Übertragungsstrecke eine entsprechend hohe Bandbreite haben muß. Mit Gl. (3.42) ist die minimal erforderliche
Bandbreite

$$B = \frac{1}{2} Jnf_p \qquad\qquad (6.2)$$

J ist darin der Informationsgehalt, d.h. die Anzahl der Bits
je Kodewort.

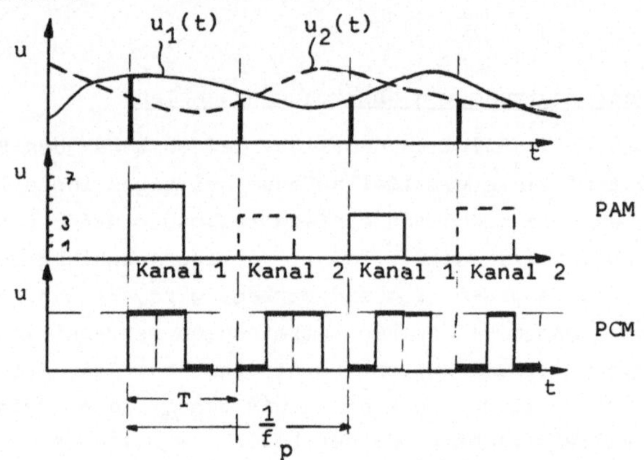

Bild 6.4 Zeitmultiplex durch Ineinanderschachteln der
Abtastwerte zweier Signalspannungen u_1 und u_2

Als Beispiel für ein realisiertes System zeigt Bild 6.5 den
Pulsrahmen des nach CCITT genormten Systems PCM 30. Dieses
System ist für Telefonie entwickelt worden; es enthält 30
Sprachkanäle und zusätzlich je einen für die Synchronisation
und die Kennzeichenübertragung (z.B. Wählzeichen).

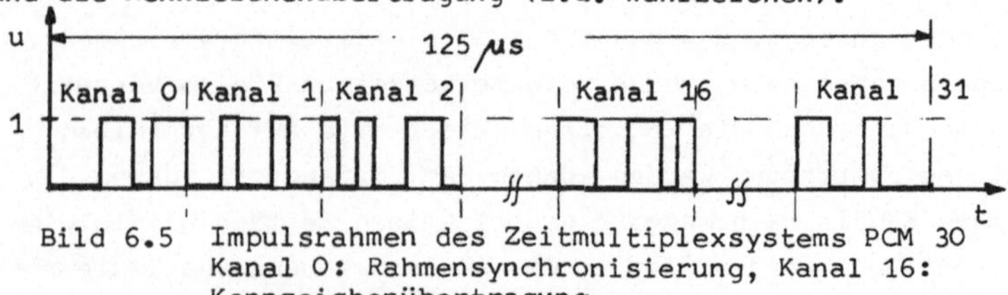

Bild 6.5 Impulsrahmen des Zeitmultiplexsystems PCM 30
Kanal 0: Rahmensynchronisierung, Kanal 16:
Kennzeichenübertragung

Die Amplitudenauflösung, also die Kodewortlänge, ist 8 Bit.

Die Abtastfrequenz beträgt 8 kHz. Damit ergibt sich nach Gl. (6.2) die minimale Bandbreite 1,024 MHz.

6.2.2 Frequenzvielfach

Eine weitere Möglichkeit, mehrere Gespräche gleichzeitig über eine Leitung zu übertragen, ist die Übertragung in verschiedenen Frequenzlagen. Dazu müssen die Gespräche aus ihrer natürlichen Frequenzlage in andere Lagen umgesetzt werden. Zum Umsetzen benutzt man die in Abschn. 5.2.1 besprochene Amplitudenmodulation. Man nutzt nur das obere der entstehenden Seitenbänder aus (Einseitenbandverfahren). Mit besonderem Vorteil lassen sich dafür Modulatoren einsetzen, die nur Signal- und Trägerspannung miteinander multiplizieren. Solche Modulatoren liefern am Ausgang nur die beiden Seitenbänder und keinen Trägeranteil:

$$u_a \sim A \sin\Omega t \; a \cos\omega t =$$

$$= \frac{Aa}{2}(\sin(\Omega - \omega)t + \sin(\Omega + \omega)t) \qquad (6.3)$$

Bild 6.6 zeigt das entstandene Spektrum. Da kein Trägeranteil entstanden ist, kann das obere Seitenband gut mit Hilfe eines Einseitenbandfilters (ESB-Filter) herausgesiebt werden.

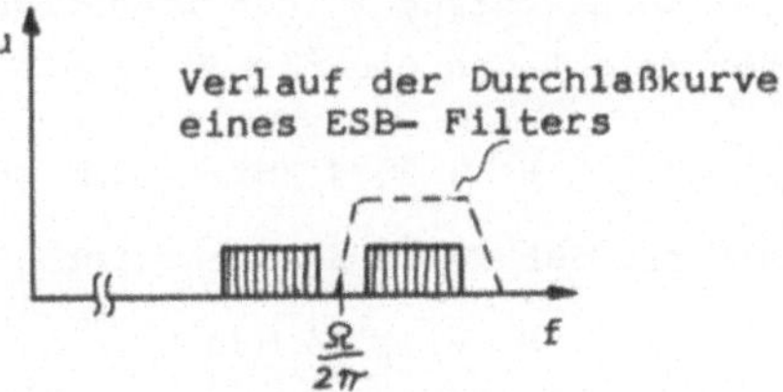

Bild 6.6

Spektrum eines
Produktmodulators
(z.B. Ringmodulator)

Die gebräuchlichste Modulationsschaltung für diesen Zweck ist der Ringmodulator nach Bild 6.7. Man muß dabei auf gute Symmetrie der Übertrager achten, weil Unsymmetrien einen Trägeranteil in der Ausgangsspannung erzeugen.

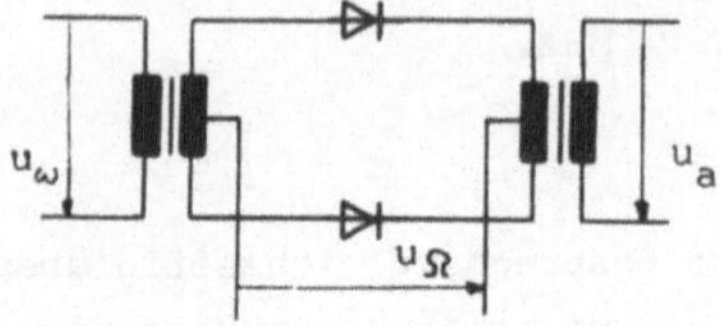

Bild 6.7
Ringmodulator

Bild 6.8 zeigt, wie die oberen Seitenbänder von vier Sprach-
kanälen zu einer Vorgruppe zusammengefaßt werden. Im weiteren
werden dann drei Vorgruppen zu einer Primärgruppe und fünf
Primärgruppen zu einer Sekundärgruppe zusammengefaßt.

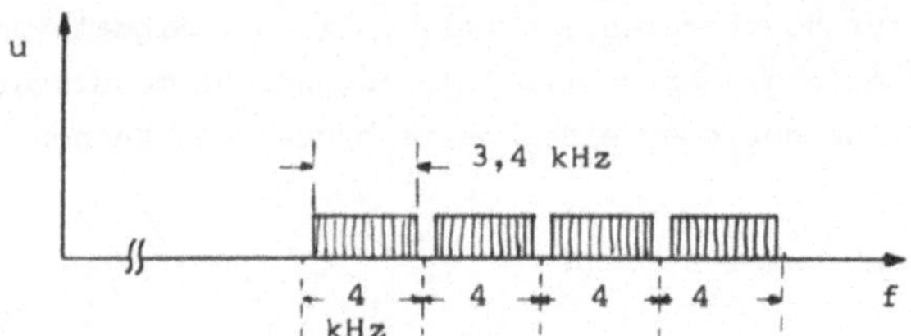

Bild 6.8   Zusammenfassen der oberen Seitenbänder von
            vier Sprachkanälen zu einer Vorgruppe

Man nennt dieses Verfahren auch Trägerfrequenztelefonie, weil
zu seiner Durchführung Trägerfrequenzen erforderlich sind.
Der Kanalabstand in der Trägerfrequenztelefonie beträgt 4 kHz.
Vergleicht man die für 30 Kanäle erforderliche Bandbreite

$$B = 30 \cdot 4 \text{ kHz} = 120 \text{ kHz}$$

mit der für 30 Kanäle benötigten Bandbreite beim Zeitvielfach

$$B = 1,024 \text{ MHz}$$

so schneidet die Trägerfrequenztelefonie hinsichtlich der
Bandbreite gut ab. Der Vorteil des Zeitmultiplex dagegen
liegt in der Kompatibilität zu digitalen Übertragungs- und
Vermittlungsverfahren.

6.3 Abschätzung des Kanalbedarfs

In Vermittlungseinrichtungen, z.B. nach Bild 6.1, hat jeder
der n Teilnehmer eine Teilnehmerleitung. Festzulegen bleibt
noch die Zahl m der benötigten Verbindungsleitungen. Diese
Zahl richtet sich nach dem Verkehrswert und den zugelassenen
Verlusten.

Mit der Zahl $C_{(t)}$ der Leitungsbelegungen zur Zeit t, der Be-
obachtungsdauer T, der Gesamtzahl der Belegungen in der Zeit
T C_A und der mittleren Belegungsdauer t_m wird der Verkehrswert

$$A = \frac{1}{T} \int_{t_o}^{t_o + T} C_{(t)} \, dt = \frac{C_A}{T} t_m \quad \text{Erl} \qquad (6.4)$$

definiert. Die Größe A ist dimensionslos, man gibt ihr die
Pseudoeinheit E r l a n g, abgekürzt Erl. Für die Berechnung
der erforderlichen Leitungszahl ist der Verkehrswert A_H in
der Hauptverkehrsstunde zugrunde zu legen, der sich zu dem
über den Tag gemittelten Verkehrswert verhält wie die Konzentration

$$k = \frac{A_H}{A_{24\,h}} \qquad 8 \qquad\qquad (6.5)$$

Als weitere Größe führen wir den Verlust B ein, d.h. die Anzahl C_V der Belegungsversuche, die wegen Leitungsmangels
nicht zu einer Belegung geführt haben, bezogen auf die Gesamtzahl der Belegungen C_A

$$B = \frac{C_V}{C_A} \, 100 \, \% \qquad\qquad (6.6)$$

Bild 6.9 zeigt den Zusammenhang zwischen Verkehrswert und der
Zahl m der Verbindungsleitungen für verschiedene zugelassene
Verluste. Das Diagramm gilt für vollkommene Bündel, das sind
solche Vermittlungssysteme, bei denen jede Verbindungsleitung
von jedem Teilnehmer erreicht werden kann. Das Vermittlungs-
system muß ein Verlustsystem sein, bei dem jeder erfolglose
Belegungsversuch mit dem Besetztzeichen quittiert wird; dies

sind die üblichen Fernsprechsysteme. Eine andere denkbare
Form sind die Wartesysteme, die in begrenzten Bereichen eingesetzt werden, beispielsweise bei der Fernsprechauskunft
("Hier Auskunft Hamburg, bitte warten Sie"). Als Anhaltspunkt
für den Verkehrswert A_H mag gelten, daß 100 Teilnehmer 4 Erl
erzeugen, also im Mittel 4 Verbindungsleitungen als Anrufende
belegen.

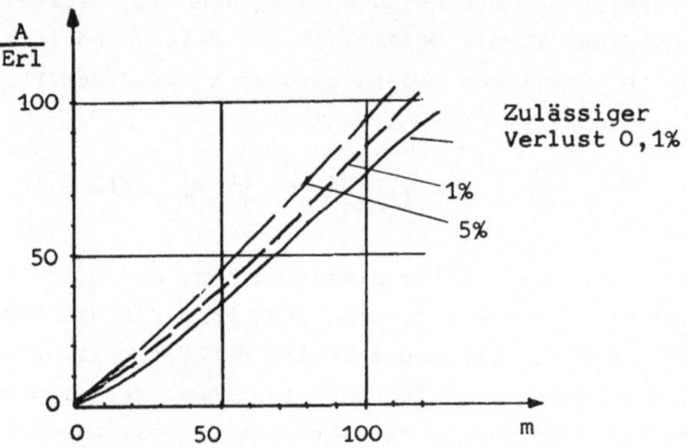

Bild 6.9   Zusammenhang zwischen Verkehrswert A und Zahl
der erforderlichen Verbindungsleitungen m
nach /7/

- 177 -

Literaturverzeichnis

/1/   Sacco, L.: Manuel de scriptographie. Paris 1951

/2/   Küpfmüller, K.: Die Entropie der deutschen Sprache. FTZ 7, H.6 (1954)

/3/   Reichardt, W.: Grundlagen der technischen Akustik. Leipzig 1968

/4/   Fricke, H., Lamberts, K., Patzelt, E.: Grundlagen der elektrischen Nachrichtenübertragung. Stuttgart 1979

/5/   Küpfmüller, K.: Einführung in die theoretische Elektrotechnik. Berlin, Heidelberg, New York 1966

/6/   Tholl, H.: Bauelemente der Halbleiterelektronik. Stuttgart 1976

/7/   Hütte, Des Ingenieurs Taschenbuch. Band IV B Fernmeldetechnik. Berlin, München 1962

/8/   Zischka, A.: Pioniere der Elektrizität. Gütersloh 1958

/9/   Schmitt, G.: Einführung in die Vermittlungstechnik. München, Wien 1965

/10/   Fey, P.: Informationstheorie. Berlin 1966

/11/   Steinbuch, K., Rupprecht, W.: Nachrichtentechnik. Berlin, Heidelberg, New York 1973

/12/   Kaden, H.: Impulse und Schaltvorgänge in der Nachrichtentechnik. München 1957

/13/   Schönfelder, H.: Nachrichtentechnik. Darmstadt 1974

/14/   Sennheiser, F.: Vorlesung über Elektroakustik. Mitschrift an der TU Hannover 1968

/15/   Otten, H. J. M.: Fibre Optic Communications. Electronic Components and Applications Vol. 3 No. 2 Feb. 1981

/16/   Tietze, U., Schenk, Ch.: Halbleiter-Schaltungstechnik. Berlin, Heidelberg, New York 1980

/17/   Schröder, H.: Elektrische Nachrichtentechnik. Berlin-Borsigwalde 1966

/18/   Pfestorf, G.K.M., Siebert, J.: Wechselstrom. Braunschweig 1963

Formelzeichen

A	Fläche, Amplitude, Verkehrswert
a	Amplitude
a_k	Klirrdämpfung
a_m	Modulationsdämpfung
α	Dämpfungskonstante, Winkel
B	Bandbreite, Stromverstärkung in Emitterschaltung, Verlust, magnetische Flußdichte
B_r	Relative Bandbreite
b	Phasenmaß
β	Phasenkonstante
C	Kapazität, Kanalkapazität
C'	Kapazitätsbelag
c	Wellengeschwindigkeit
d	Abstand
δ	Tastverhältnis
E	elektrische Feldstärke
ε	Dielektrizitätskonstante
η	Wirkungsgrad
F	Übertragungsfunktion, Rauschzahl, Kraft, Frequenzgang
f	Frequenz
f_o	obere Grenzfrequenz, Resonanzfrequenz
f_p	Abtastfrequenz
f_u	untere Grenzfrequenz
f	Bandbreite
φ	Phasenwinkel
G	Leitwert, Antennengewinn
G'	Ableitungsbelag
γ	Ausbreitungskoeffizient
H	Entropie der Nachricht, Informationsgehalt, magnetische Feldstärke
H_o	berücksichtigter Informationsgehalt
h_{eff}	effektive Höhe
I	Strom
i	Strom, laufender Index
J	Informationsgehalt

k   Klirrfaktor, Rückführungsfaktor, Konzentration

L   Induktivität, Lautstärke

L' Induktivitätsbelag

l   Länge

λ Wellenlänge

m   Intermodulationsfaktor, Modulationsgrad, Anzahl

N   Störleistung

n   Brechungsindex, Anzahl, Ordnungszahl

Ω Kreisfrequenz

ω Kreisfrequenz

ω_E Eckkreisfrequenz

P   Leistung

p   Pegel, Wahrscheinlichkeit, Schalldruck, Reflexionsfaktor

Q   Güte

R   Redundanz, Widerstand

R' relative Redundanz, Widerstandsbelag

r   Widerstand, Abstand

ρ Dichte

S   Silbenverständlichkeit, Störabstand, Steilheit, Strahlungsdichte

s   Zeichenvorrat, komplexe Frequenz, Signalleistung

T   Periodendauer, absolute Temperatur

T_p Periodendauer der Abtastung

T_z Übertragungszeit

t   Zeit

t_{ein} Einschaltzeit

τ Zeitdauer

θ Rauschtemperatur, Stromflußwinkel

ϑ Winkel

U   Spannung

U_o Anfangswert der Spannung

u   Spannung

$\hat{u}$ Spitzenwert der Spannung

v   Geschwindigkeit, Schallschnelle, Verstärkungsfaktor

v_f Frequenzverstimmung

W   Energie

X   Blindwiderstand
x   Ortskoordinate
y   Ortskoordinate
Z   Scheinwiderstand
Z_L Wellenwiderstand der Leitung
Z_w Wellenwiderstand des Raumes
z   Ortskoordinate

Sachverzeichnis

Teubner Studienskripten Elektrotechnik

v. Münch, Werkstoffe der Elektrotechnik
           3., neubearbeitete und erweiterte Auflage.
           254 Seiten. DM 16,80

Oberg,   Berechnung nichtlinearer Schaltungen
           für die Nachrichtenübertragung
           168 Seiten. DM 12,80

Pinske,   Elektrische Energieerzeugung
           127 Seiten. DM 12,80

Pregla/Schlosser, Passive Netzwerke
           Analyse und Synthese
           198 Seiten. DM 14,80

Römisch,   Berechnung von Verstärkerschaltungen
           2., durchgesehene Aufl. 192 Seiten. DM 14,80

Schaller/Nüchel, Nachrichtenverarbeitung

           Band 1 Digitale Schaltkreise
           161 Seiten. DM 10,80

           Band 2 Entwurf digitaler Schaltwerke
           2., überarbeitete Aufl. 168 Seiten. DM 12,80

           Band 3 Entwurf von Schaltwerken
           mit Mikroprozessoren
           155 Seiten. DM 12,80

Schlachetzki/v.Münch, Integrierte Schaltungen
           255 Seiten. DM 16,80

Schmidt,   Digitalelektronisches Praktikum
           2., durchgesehene Aufl. 238 Seiten. DM 15,80

Seinsch,   Grundlagen elektr. Maschinen und Antriebe
           230 Seiten. DM 16,80

Thiel,   Elektrisches Messen nichtelektrischer Größen
           238 Seiten. DM 15,80

Unger,   Hochfrequenztechnik in Funk und Radar
           223 Seiten. DM 15,80

Vaske,   Berechnung von Drehstromschaltungen
           180 Seiten. DM 12,80

Vaske,   Berechnung von Gleichstromschaltungen
           2., durchgesehene Aufl. 117 Seiten. DM 10,80

Vaske,   Berechnung von Wechselstromschaltungen
           2., durchgesehene Aufl. 224 Seiten. DM 15,80

Vaske,   Übertragungsverhalten elektrischer Netzwerke
           2., durchgesehene Aufl. 158 Seiten. DM 12,80

Weber,   Laplace-Transformation für Ingenieure
           der Elektrotechnik
           3., überarbeitete und erweiterte Auflage.
           205 Seiten. DM 14,80

Westermann, Laser
           190 Seiten. DM 14,80

Preisänderungen vorbehalten